궁금한
세계의
군것질

궁금한 세계의 군것질

초판 1쇄 발행 2012년 9월 5일

지은이 김호정
펴낸이 이지은 **펴낸곳** 팜파스
진행 이진아 **편집** 정은아
디자인 조성미 **마케팅** 정우룡
인쇄 (주)미광원색사

출판등록 2002년 12월 30일 제 10-2536호
주소 서울시 마포구 서교동 404-26 팜파스빌딩 2층
대표전화 02-335-3681 **팩스** 02-335-3743
홈페이지 www.pampasbook.com | blog.naver.com/pampasbook
이메일 pampas@pampasbook.com

값 15,000원
ISBN 978-89-93195-86-6 (13590)

ⓒ 김호정, 2012

궁금한
세계의
군것질

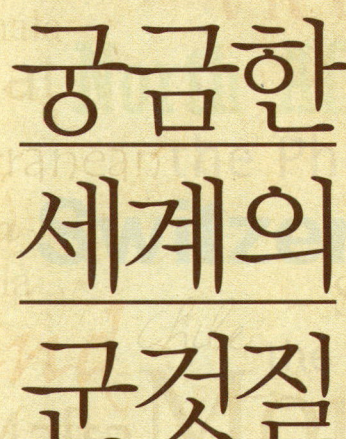

김호정 지음

팜파스

Europe Malta France MALTA the Le

the Middle East Afghanistan Italy Latin America

Switzerland Nepal Cuba the Caribbean Ita

Arabia Afghanistan Central and South America

Vietnam the Middle East India the Cari

Italy Switzerland Braz

Germany Italy Italy Malaysia Switzerland Chil

Cuba the Philippines Thailand

Singapore the Philippines Turkey

Morocco South Asia UK

and South America SPAIN Morocco

Switzerland India Europe Italy Europe Indi

Afghanistan North Africa Indonesia MALTA Sing

India the Middle East Afghanistan North A

Ecuador Thailand the Le

France Lebanon the Mediterranean Ecuad

the Middle East Croatia Latin America

Singapore Argentina Switzerland the Maya

Central and South America Argentina Mexico

MALTA Afghanistan Nepal Franc

Europe Morocco the M

eaming tea South Asia Vietnam Switze

pain Italy Afghanistan the Middle East

Afghanistan brunch the

궁·금·한·세·계·의·군·것·질

PROLOGUE

여기에 소개된 레시피들은 세계인들이 즐겨 먹는 군것질들입니다.
거리음식인 경우도 있고, 카페나 간이음식점에서 만날 수 있는 음식들
이거나 혹은 가정에서 만들어 먹는 스낵이나 티타임에 곁들이거나 간
식으로 먹는 것들입니다.
우리에게는 그들의 문화와 지역색을 나타내는 새롭고 낯선 음식일 것
입니다. 그래서 한국인들에게 맞는 식재료를 선별하여 좋아할 만한 음
식으로 조정하여 쉽게 만들 수 있도록 하였습니다. 그리고 각 음식들에
얽힌 추억과 새로운 식재료에 대한 소개 등이 함께 어우러져 하나의 쿠
킹 북으로 탄생하였습니다.

요리와 음식 문화에 호기심과 관심이 있으신 분들, 혹은 새로운 메뉴
개발을 원하는 외식업종 종사자분들에게 즐거움과 아이디어를 드리는
레시피 북이 되기를 바랍니다. 그리고 독자들의 일상 속에서 소박하지
만 행복한 작은 여행을 떠나게 하는 기쁨을 줄 수 있기를 바랍니다.

항상 믿어주는 가족들과 친구들, 나의 친구이자 또 다른 가족인 Raquel
Felisa, Nick, Mary와 그 family들에게 감사 드립니다. 그리고 특별히
Papou와 YiaYia의 건강을 기원합니다.

· CONTENTS ·

PROLOGUE ········· 5

재료 사용에 대한 tip ········· 9

PART 01
유럽 · 지중해
EUROPE·THE MEDITERRANEAN

그리스를 떠올리게 하는 꼬치 구이와 상큼한 소스
소브라키 & 차치키 ········· 12

간단 간편하게 잊지 못할 퐁듀 완성!
와인 안주로, 건배!
간편 치즈 퐁듀 ········· 14

쓰다 남은 버터를 사용해 만드는
스콘 & 클로티드 크림 ········· 16

다용도 이탈리아 식빵을 쉽게 만들 수 있다
포카치아 ········· 18

몰타의 파이
파스티찌 ········· 20

크로아티아의 스위트
잼 비스킷 ········· 22

그리스의 과자
쿠루라카 ········· 24

시금치 페스트리
스파나코피타 ········· 26

프랑스인들이 사랑하는
프렌치 양파 수프 ········· 28

이탈리아 식당에서는 크레페도 파스타처럼
페투치네 수제트 ········· 30

이보다 맛있는 치즈 구이가 있을까!
할루미 치즈 구이 ········· 32

스페인식으로 문어 먹기와 와인 음료 마시기
풀포아페리아 & 상그리아 ········· 34

스페인식 감자 오믈렛
또르띠아 ········· 36

든든한 요기가 되는
리코타 파 크레페 ········· 38

스페인식으로 빵 먹기
토마토 문지른 브레드 ········· 40

여름 오후 상큼함을 즐기는
가스파쵸 ········· 42

스위스 감자 부침
료스티 & 사과 소스 ········· 44

이탈리아식
가지 구이 쌈 ········· 46

PART 02
북아프리카 · 중동
NORTH AFRICA·THE MIDDLE EAST

터키식 부침개
괴즈레메 ········· 50

그냥 먹어도 맛 좋고, 고기와도 어울리는
중동식 브레드 샐러드
파투쉬 ········· 52

아프가니스탄의 납작한 브레드
볼라니 ················· 54

이보다 중독적인 디핑 소스가 있을까?
호머스 ················· 56

사막을 건너온 그들을 적시다
모로칸 브레드 & 민트티 ··········· 58

자꾸만 손이 가는 호박 디핑 소스
펌프킨 딥 ················· 60

당신의 건강과 행복을 위한 음료와 함께 먹는
스파이시 로스트 아몬드 ··········· 62

아랍의 인기 디저트 겸 간식거리
스위트 라이스 푸딩 ················· 64

커피의 친구 그리고 민트티의 또 다른 친구
아몬드 비스킷 ················· 66

가지로 만든 딥, 세계인의 사랑을 받다
바바가누쉬 ················· 68

당신의 인생이 달콤하기를 바라는 티타임의 친구
바크라바 ················· 70

피자보다 인기 있는 레바논 피자
자타르 브레드 ················· 72

수제 버거보다 맛있고 인기 있는
피스타치오 쾨프테 케밥 ··········· 74

중동과 아프리카의 대표적인 거리음식
팔라펠 ················· 76

아라비아식의 풍미를 즐기는
바스보사 ················· 78

수박을 백배 더 맛있게 먹는 방법
수박 페타 올리브 샐러드 ········· 80

PART 03 ══════════

남아시아
SOUTH ASIA

네팔의 만두
모모 ················· 84

동남아시아 전통 가정식 간식
찰흑미 푸딩 ················· 86

인도 스타일 야채 커리 튀김 만두
사모사 ················· 88

카페라떼? 달달하고 진한 다방커피?
베트남 커피 ················· 90

인도네시아식
매콤한 옥수수 부침 ················· 92

새콤달콤하고 아삭한
망고 코코넛 라이스 ················· 94

노점에서 먹는 묘한 매력의 과일 야채 샐러드
로작 ················· 96

싱가포르 새우튀김
쿠쿠르 우당 ················· 98

기름진 음식을 개운하게 마무리,
하루도 개운하게 마무리
솔티드 레몬주스 ················· 100

인도네시아의 고소한 샐러드
가도가도 ················· 102

닭꼬치 구이의 지존
사테 ················· 104

동양식 핑거푸드의 대명사
스프링롤 ················· 106

인도네시아 대표 거리음식
마르타박 ················· 108

비오는 날 오후에는 따뜻하게
더운 오후에는 시원하게 먹는
궈나탕 ················· 110

고구마와 비슷한 카사바로 만든
카사바 케이크 ················· 112

도도한 수프레보다 소박한 매력이 있는
콘 수프레 ················· 132

쿠바 스타일로 만드는
오르차따 ················· 134

출출해져 돌아온 집에서도, 파티 장소에서도 맛 좋은
캐리비언 고구마 가지 롤 ········ 136

카리브해 섬의 인기 파이
마카로니 치즈 파이 ················· 138

파티에서 인기 만점! 라틴 아메리카 핑거 푸드
시금치 플랜테인 말이 ············ 140

출출할 때 간편하게, 쫀득하게, 기분 좋게!
타피오카 푸딩 ················· 142

PART 04

중남미
CENTRAL AND SOUTH AMERICA

시원하게 맛있는
또르띠아 수프 ················· 116

아즈텍, 마야 후예들이 전하는 옥수수 쌈
타말리 ················· 118

바닐라의 천국에서 맛보는 소박한
바닐라 호박 푸딩 ················· 120

매콤해서 핫, 맛있게 핫
마음과 몸의 감기도 낫는다
멕시칸 핫 초콜릿 ················· 122

아르헨티나 스타일로 만드는 파이
엠파나다 ················· 124

고소하고 매콤새콤큼한 멕시칸 타임
구아카몰레 & 토마토 살사 ······ 126

열대의 맛
바나나 구이 ················· 128

매콤한 초리죠 소시지와 부드러운 달걀의 조화
초리죠 에그 스크램블 ············ 130

PART 05

그들의 궁금한 Tip!
MORE USEFUL TIPS

홈메이드 리코타 치즈 만드는 법 ················146

크레페 만드는 법 ················148

레몬 or 오렌지 제스트 만드는 법 ················150

드라이 이스트 사용법 ················151

피타 만드는 법 ················152

필로 사용법 ················154

향 시럽 만드는 법 ················155

삼발 만드는 법 ················156

스위트 칠리 소스 만드는 법 ················157

EPILOGUE ················158

개량 스푼

큰술 개량스푼으로 테이블스푼

작은술 개량스푼으로 티스푼

컵

컵 200ml .

개량 단위 레시피의 성격에 따라서 g이나 kg, ml와 같은 정밀 단위 대신 손으로 잡을 수 있는 웅큼이나 컵을 단위로 사용하였습니다.

베이킹 팬

사용된 베이킹 팬(틀) 크기 가로 24cm, 세로 24cm, 높이 5.5cm

(단 바스보사＊만드는 법 78페이지 참조＊는 가로 38cm, 세로 28cm, 높이 5cm 베이킹 팬을 사용하였습니다.)

소금 천일염 기준입니다. 다른 종류의 소금을 사용하거나, 개인의 입맛에 따라 양의 조정이 가능합니다.

설탕 그냥 설탕이라고 명기된 것은 백설탕을 의미합니다. 다른 설탕이나 당을 사용하였을 경우 따로 표기하였습니다.

후춧가루

후춧가루 편의상 후춧가루라고 명기하였으나 통후추(통 블랙 페퍼)를 바로 갈아서 사용하였습니다.

향신료 가능한 한국에서 많이 사용하고 구하기 용이한 것으로 대체하였고, 특별한 경우 따로 설명을 해두었습니다. '큐민 씨'와 같은 향신료는 후추만큼이나 보편적으로 사용되고 있는데요, 이 책을 읽는 독자분들도 관심을 가져볼 만한 향신료라고 판단이 되어서 그대로 사용하였습니다.

큐민 씨

식재료 가능한 한국의 재료를 사용하였지만, 경우에 따라서 낯선 재료들도 등장할 것입니다. 그대로 사용한 이유는 우리나라에도 알려졌으면 하는 바람으로 소개한 것입니다. 물론 국내 인터넷사이트나 외국 식료품점에서 구할 수 있는 것들입니다. 이 식재료들이 많이 알려져서 언젠가는 브로콜리나 파슬리처럼 동네 마트에서도 구할 수 있는 날이 올 거라고 생각합니다.

Malta France MALTA the Le
europe Italy
the Middle East Afghanistan Italy Latin America
Switzerland Nepal Cuba the Caribbean
Afghanistan Central and South America It
Arabia Vietnam the Middle East India the Cari
taly Italy Italy Switzerland Braz
Germany Cuba the Philippines Malaysia Switzerland Chil
Singapore Thailand Turkey
Morocco the Philippines
and South America SPAIN South Asia UK
Switzerland India Europe Italy Europe Morocco Indi
Afghanistan North Africa Indonesia MALTA Sing
India the Middle East Afghanistan North A
Ecuador Thailand the Le
France Lebanon the Mediterranean Ecuad
the Middle East Croatia Latin America
Singapore Argentina
Switzerland the Maya
Central and South America Argentina Mexico
MALTA Afghanistan Nepal Franc
Europe Morocco
teaming tea South Asia Vietnam the M
Spain Italy Afghanistan the Middle East
Afghanistan brunch the

궁·금·한·세·계·의·군·것·질

PART 01

유럽 지중해

소브라키 & 차치키 · 간편 치즈 퐁듀 · 스콘 & 클로티드 크림 · 포카치아 · 파스티
찌 · 잼 비스킷 · 쿠루라카 · 스파나코피타 · 프렌치 양파 수프 · 페투치네 수제트 ·
할루미 구이 · 풀포아페리아 & 상그리아 · 또르띠아 · 리코타 파 크레페 · 토마토 문
지른 브레드 · 가스파쵸 · 로스티 & 사과 소스 · 가지구이 쌈

EUROPE · THE MEDITERRANEAN

그리스를 떠올리게 하는 꼬치 구이와 상큼한 소스
소브라키 & 차치키

소브라키는 그리스식 꼬치구이로 그리스 축제나 파티에서 꼭 나오는 메뉴입니다. 간단하고 편하게 사먹을 수 있는 거리음식으로 양고기 같은 고기를 꼬치에 끼워서 직화로 숯불에 굽기도 하고, 팬이나 그릴에 굽기도 합니다. 먹을 때는 꼬치를 통째로 들고 먹기도 하고, 고기를 꼬치에서 빼내어 빵과 함께 먹기도 한답니다.

차치키는 그리스식 요거트에 마늘, 오이 그리고 민트가 혼합된 소스입니다. 소브라키와 같은 고기 요리와 함께 먹을 때 뿐만이 아니라, 따로 디핑 소스로도 인기가 많아요. 바비큐 파티를 할 때면 저의 그리스인 친구는 늘 이 소브라키를 준비하여 구워주었어요. 그 친구는 양고기를 주로 사용하였는데, 이 책에서는 우리에게 친숙한 돼지고기로 만들어보았어요. 맛있는 향이 듬뿍 배인 부드러운 고기에 상큼한 차치키가 어우러진 매력적인 음식입니다.

INGREDIENT 9~10개 꼬치 기준

소브라키_ 돼지 살코기 500g, 올리브오일 3큰술, 레몬주스 2큰술, 꿀 혹은 올리고당 1/2큰술, 다진 마늘 1큰술, 말린 오레가노 1큰술, 소금 1작은술, 후추가루 1/2작은술, 레드와인 1/2컵(옵션)

차치키_ 오이 작은 것 1개, 플레인 요거트 300ml, 다진 마늘 1작은술, 민트 잎 썬 것 1큰술, 소금 1/4작은술, 후춧가루 약간(옵션)

METHOD

① 한입 크기로 썬 고기를 준비된 양념 재료와 잘 버무려 재운 상태로 냉장고에 최소 3시간 정도 넣어둔다.

② **차치키 만들기_** 오이는 껍질을 벗기고 잘게 썬 후 물기를 꼭 짜서 다진 마늘, 소금과 함께 요거트와 잘 섞는다. 그리고 민트 잎을 마지막에 넣어준다.

③ 절인 고기를 꼬치에 꽂아서 팬이나 그릴 혹은 숯불에 구워준다.

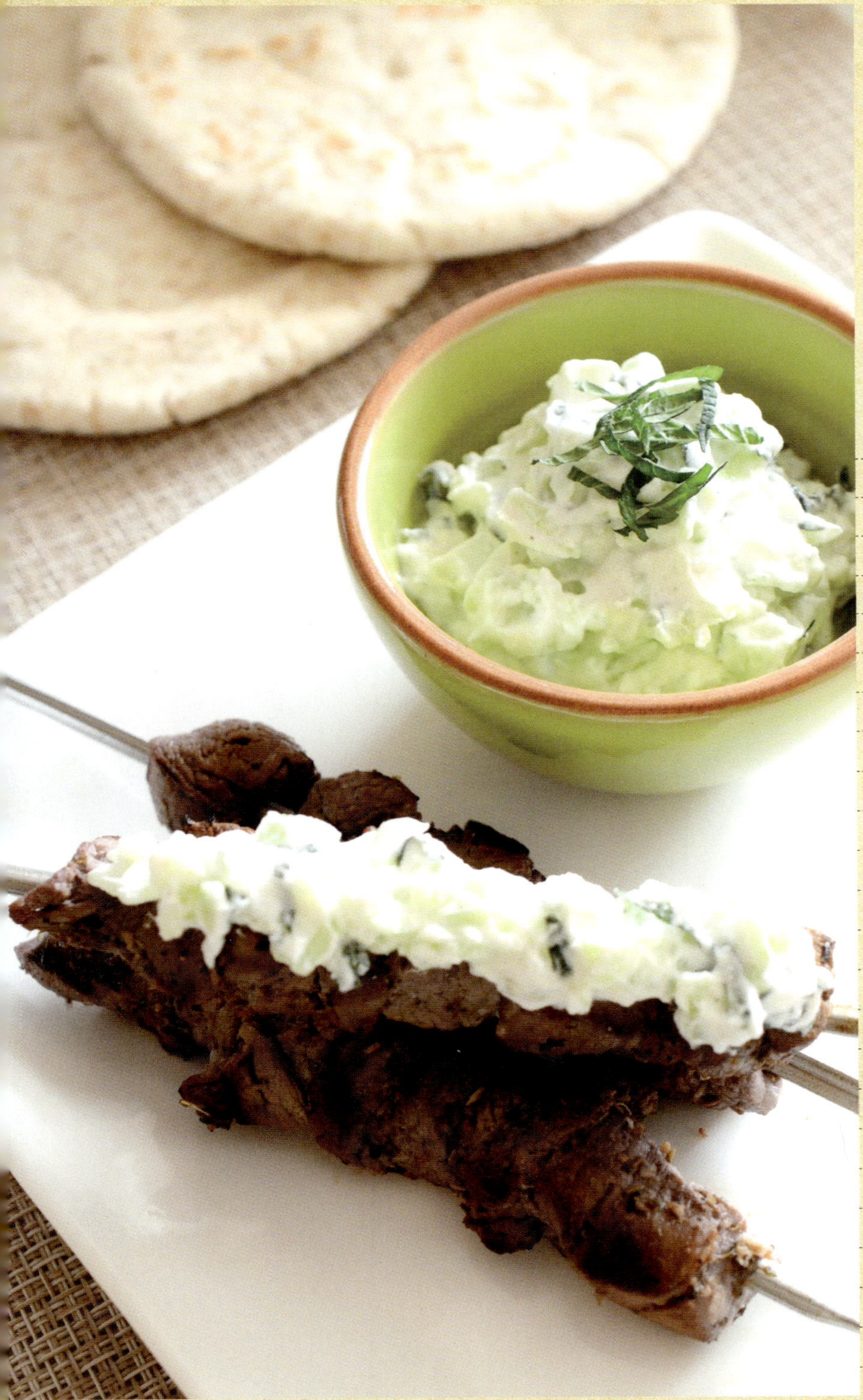

그들의 궁금한 Tip

1. 그리스식 요거트는 수분이 많이 제거되어서 일반 요거트보다 더 빡빡합니다. 일반 플레인 요거트를 면보에 넣고 살짝 비틀어서 수분을 제거하면 가정에서도 쉽게 그리스식 요거트를 만들 수 있어요.
2. 차치기는 먹기 2시간 전쯤에 미리 만들어서 냉장고에 넣어두면 더 상큼하고 시원하게 먹을 수 있습니다.
3. 차치기는 식빵, 페타 브레드와 잘 어울려서, 이 두 가지만 있어도 훌륭한 간식이 되며, 무척 인기 있는 메뉴이기도 합니다.

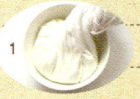

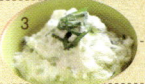

간단 간편하게 잊지 못할 퐁듀 완성!
와인 안주로, 건배!
간편 치즈 퐁듀

 스위스 음식 하면 냄비에 치즈를 녹인 후 빵조각 등의 재료를 찍어 먹는 퐁듀가 떠오릅니다. 이 퐁듀를 복잡한 장비나 재료 없이 집에서 간단하게 만들어 먹을 수 있습니다. 프랑스 언어권의 스위스 친구가 알려준 방법인데요, 간식이나 와인 안주로 인기가 좋습니다. 이 책에서는 마트에서도 쉽게 구할 수 있는 브리 치즈를 이용해서 만들었어요. 잘 익은 치즈를 식빵 조각으로 푹 찍어 한입 베어 물면 유혹적인 그 맛에 흠뻑 빠질 것입니다.

INGREDIENT

브리치즈 100g, 마늘 1쪽, 와인(레드 혹은 화이트 상관없이) 2큰술,
생허브 타임 작은 것 2~3줄기, 바싹 구운 식빵 조각들

METHOD

❶ 마늘 1쪽을 5조각으로 길게 썰어서 그릇에 담고 뜨거운 물을 부어서 1분 정도 담가뒀다가 건져낸다.

❷ 치즈를 오븐 내열이 되는 작은 그릇에 담은 후, 5군데에 칼집을 5개 콕콕 내어준다.

❸ 칼집 낸 곳에 마늘 조각을 꽂아주고, 허브도 위에 함께 올려준다.

❹ 와인 2큰술을 치즈 위에 부어주면 와인이 아래로 내려간다. 185℃로 예열된 오븐에 넣고 20분간 가열해준다.

❺ 익은 치즈를 식빵 조각과 함께 세팅 하면 완성!

그들의 궁금한 Tip

1. 와인을 넣었는데 와인이 보이지 않는다고 더 넣지 않도록! 양이 많으면 끓어 넘칠 수 있으니까요.
2. 브리뿐 아니라 까망베르나 다른 소프트 치즈를 사용하여도 됩니다.
3. 식빵과 함께 오이 피클을 함께 먹어도 어울린답니다.

쓰다 남은 버터를 사용해 만드는
스콘 &
클로티드 크림

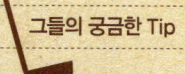

영국의 티타임에 곧잘 등장하는 작은 빵인 스콘은 우리나라의 커피숍이나 베이커리숍에서도 만나기 쉬운 친숙한 빵입니다. 스코트랜드 출신의 부모님을 두셨던 저의 나이 많은 친구는 스콘을 직접 만들어서 친구들과 함께 조촐하게 오후 티타임을 즐기곤 했었는데요. 금세 그리고 그것도 아주 쉽게 만들 수 있는 이 홈메이드 스콘의 매력에 푹 빠지지 않을 수가 없었어요. 스콘을 만들 때 그녀는 이렇게 말했죠. "아침에 먹고 남은 버터, 그걸 사용해." 이렇게 말하고는 밀가루와 약간의 버터를 부슬부슬하게 비벼내었어요. 스콘을 먹을 때 곧잘 곁들이는 것이 클로티드 크림과 과일잼이에요. 그래서 스콘이 나올 때 이것이 함께 있지 않으면 허전해져요. 소박하지만 고소한, 아니 구수한 홈메이드 스콘이 친구에 대한 그리움을 부르네요.

그들의 궁금한 Tip

1. 스콘 반죽할 때 너무 치대지 않는 것이 키포인트예요. 그저 살짝살짝 대충 치대는 느낌으로 반죽을 해줍니다.

2. 컵에 밀가루를 살짝 묻혀 찍어내면 모양도 예쁘게 잘 떼어집니다.

3. 클로티드 크림를 만들 때는 원유가 크림의 질과 맛을 결정합니다. 좋은 우유는 설탕이나 소금을 넣지 않아도 달달하고 고소합니다.

INGREDIENT

스콘 재료(5~8개 정도)

밀가루(박력분) 2컵, 소금 1/2작은술, 베이킹 파우더 1작은술,
버터 30g, 설탕 1큰술, 우유 125ml, 여분의 우유 3큰술(윤 내기용)

클로티드 크림 재료

생크림 500ml, 설탕 약간(옵션), 소금 약간(옵션)

METHOD

스콘 만드는 방법

❶ 밀가루, 소금, 베이킹 파우더를 섞은 후, 버터를 넣고 손으로
   비비듯이 골고루 섞어서 보슬보슬하게 만들어준다.

❷ 설탕을 ❶에 넣고 섞은 후 우유도 넣어준다.

❸ 우유와 잘 섞어지도록 전체를 버무리듯이 반죽해준다.

❹ 반죽 덩어리를 1.5~2cm 두께로 평평하게 만들어준다.

❺ 컵이나 틀을 이용해서 반죽을 떼어낸다.

❻ 베이킹 팬에 담고 윗면에 우유를 발라준 후, 200℃로 예열된
   오븐에서 10~12분 정도 구워낸다.

METHOD

클로티드 크림 만드는 방법

❶ 생크림을 중탕으로 약불에서 2시간 정도 끓여 생크림 윗면에
   크림층이 생기도록 해준다.

❷ 중탕한 생크림을 빼내어 식힌다. 그리고 한나절 정도 냉장고에
   넣어두어 크림층이 굳어지게 한다.

❸ 굳어진 크림층을 걷어내어 잘 섞어 부드럽게 해주고, 원하는
   경우 설탕이나 소금을 첨가한다.

좋은 홍차에 가장 잘 어울리지만,
커피나 다른 차와도 잘 어울립니다.
크리미한 밀크를 넣은 홍차라면
금상첨화이지요.

다용도 이탈리아 식빵을 쉽게 만들 수 있다
포카치아

밀가루, 올리브오일 그리고 소금으로 만드는 이탈리아 식빵인 포카치아는 빵 그 자체만 음료와 함께 먹어도 담백한 맛을 즐길 수 있어요. 샌드위치 등 다용도로 사용 가능해서 카페에서 인기가 많은 식빵이지요. 복잡한 재료 없이도, 빵의 장인이 아니어도, 쉽게 집에서 만들 수 있습니다. 저는 포카치아를 만들 때마다 굵은 소금을 살짝 뿌려준답니다. 왜냐하면 약간의 굵은 소금이 포카치아를 완성시킨다고 생각하거든요. 그리고 허브를 올렸을 경우 빵과 함께 구워진 소금은 허브와 어울려 기분 좋은 풍미를 더해준답니다. 신선하고 건강한 빵, 미니 포카치아를 즐겨볼까요!

INGREDIENT

밀가루(강력분) 1컵, 드라이 이스트 1작은술, 설탕 1작은술,
소금 1/4작은술, 따뜻한 물 85ml, 올리브오일 1큰술,
로즈마리 1줄기, 약간의 굵은 소금과 올리브오일(마무리용)

METHOD

❶ 설탕과 드라이 이스트를 따뜻한 물에 녹여서 이스트가 활성되면
   이스트 사용법 151페이지 참조 밀가루, 소금, 올리브오일과 함께 섞어서
   반죽을 해준다.

❷ 매끈하고 탄력 있게 된 반죽에 젖은 면보(혹은 젖은 키친페이퍼)를
   덮어서 1시간쯤 뒀다가 다시 한 번 더 반죽한다. 그리고 다시 젖은
   면보를 덮고 1시간을 둔다.

❸ 숙성이 되어서 부푼 반죽을 손가락으로 푹푹 눌러준다.

❹ 반죽을 평평하게 베이킹 팬 위에 펴준 후, 반죽 표면에 골고루 젓가
   락으로 콕콕 찔러준다.

❺ 로즈마리 잎을 잘게 썰어서 반죽 윗면에 뿌려주거나 잎사귀를 통
   째로 꽂아둔다. 굵은 소금을 뿌려준 후 올리브오일을 발라준다.

❻ 200℃로 예열된 오븐에서 10분간 가열하다 180℃로 온도를 낮추
   고 15분~20분간 더 가열해준다.

그들의 궁금한 Tip

1. 반죽이 잘 숙성되었다면 손가락으로 살짝 눌렀을 때 이내 표면이 매끈하
   게 회복됩니다.

2. 반죽 후 네모 모양으로 형태를 잡고 사각으로 잘라서 먹기 편하도록 만들
   어도 좋아요.

3. 다양한 모양으로 잘라서 이용 가능합니다.

4. 양파나 올리브, 말린 토마토 등을 토핑으로 올려서 구워주기도 합니다.

몰타의 파이
파스티찌

남유럽 지중해의 섬나라인 몰타에는 이탈리아 음식만 큼이나 세계적으로 인기가 있는 음식들이 많습니다. 그 중에서도 몰타의 파이인 파스티찌는 아침식 사나 오후의 간식으로 사람들에게 많은 사랑 을 받는 음식입니다. 홈메이드 파스티찌 전문 카페에 들어갔을 때 바구니 가득 담겨져 있 는 이 귀여운 작은 파이들은 그 모습 자체로 도 행복감을 준답니다. 전통적으로는 리코타 치즈로 그 속을 채우거나 콩이나 잼을 넣기도 해요. 너무 달지 않고 담백하고 고소하며 바 삭바삭한 파스티찌는 자꾸 먹고 싶어지는 질 리지 않는 매력이 있습니다.

"슈거 파우더를 뿌려 드릴까요?"라고 점원이 물어오면 원하는 것을 말하고 종이 냅킨에 싸서 손에 들고 먹는데요, 커피나 차와 잘 어울립니다.

INGREDIENT (12~15개)

피_ 밀가루 (박력분) 200g, 소금 1/4작은술, 시원한 물 100ml,
부드러운 버터 65~75g

속_ 리코타 치즈 200g, 계란 2개 푼 것,
소금 1/8작은술(리코타의 염도에 따라 조절), 후춧가루 약간

METHOD

❶ 밀가루, 소금에 시원한 물을 약간씩 넣어가면서 섞은 후 탄력이 있
으면서도 매끈하게 반죽을 한다. 그리고 비닐에 싸서 약 1시간 반
동안 실온에 둔다.

❷ 반죽을 2등분으로 나누고 밀대로 긴 형태(폭은 4cm 정도)로 얇게 밀
어준 후 위 표면에 준비된 부드러운 버터의 1/4 양을 발라준다.

❸ 길게·펴진 반죽을 돌돌 말아준 후 냉장고에 30분간 둔다. 나머지
반죽 덩어리도 똑같은 방법으로 만들어준다.

❹ 파스티찌 속에 들어갈 재료들을 모두 잘 골고루 섞어준 후 냉장고
에 넣어 준비해둔다.

❺ 냉장고에 넣어뒀던 말아놓은 반죽을 꺼내어 밀대로 다시 길게 밀
어주고 버터를 발라준다. 그리고 긴 면을 돌돌 말아서 긴 형태의 말
이를 만든다. 그것을 냉장고에 다시 넣고 30분간 둔다. 나머지 반
죽도 똑같은 방법으로 만들어준다.

❻ 냉장고에서 반죽말이를 꺼내어 3~4cm 길이로 잘라준다.

❼ 돌돌 말린 단면을 위로 놓고 엄지손가락으로 눌러가면서 펴준다.

❽ 속을 한술 떠넣은 후 가장자리를 마주보게 살짝 붙여준다.

❾ 베이킹 팬에 담고 200℃로 예열된 오븐에서 20분간 구워낸다.

---

1. 페타 치즈와 크림 치즈의 중간 정도의 질감인 리코타 치즈를 집에서도 만들 수 있어요 *리코타 치즈 만드는 법 147페이지 참조*.
   파스티찌 속에 사용할 때는 포크로 으깨어줍니다.

그들의 궁금한 Tip
2. 스파츌러로 버터를 반죽 표면에 펴 바른 후, 발라지지 않은 면은 손으로 발라줍니다.

3. 파스티치 가장자리를 닫아줄 때 양쪽 끝부분은 손가락으로 꼬옥 눌러서 마무리합니다.

크로아티아의 스위트
잼 비스킷

크로아티아인 할머니로부터 배운 비스킷이에요. 티타임이 되면 그녀는 잼 비스킷을 들고 오시곤 했는데, 고소한 비스킷을 먹다가 만나는 새콤한 과일 잼이 잘 어우러졌어요. 주로 일종의 자두로 만든 진한 잼이 사용되는데요, 우리가 구할 수 있는 다른 종류의 과일 잼을 사용해서 만들 수도 있습니다.

INGREDIENT 24개 정도 분량, 삼각형 반죽 단면 11cm 기준(15cm는 16개 정도)

버터 125g, 생크림 150ml, 설탕(가능하다면 바닐라 슈거) 1큰술, 베이킹 파우더 2/3작은술, 밀가루(박력분) 250g, 과일 잼, 설탕(비스킷에 입힐 것)

METHOD

❶ 버터, 생크림, 설탕 1큰술을 그릇에 담고 손으로 주물러서 섞어준 후 밀가루와 베이킹 파우더 섞은 것을 조금씩 넣으면서 반죽을 해준다.

❷ 반죽이 끝나면 밀대로 밀어서 2~3mm 두께가 되도록 펴준다.

❸ 칼로 정삼각형 모양(각 면 11cm~15cm)으로 잘라준 후 1/3작은술 정도의 과일 잼을 각 삼각형의 한쪽 면에 놓아준다.

❹ 각 잼이 놓인 삼각형의 반죽을 돌돌 말아서 사진과 같은 형태로 만들어준다 * 하단 Tip 1. 참조 *.

❺ 베이킹 팬에 올려, 200℃로 예열된 오븐에서 표면이 노릇해질 때까지 구워준다.

❻ 구워진 비스킷이 따뜻할 때 설탕이 담긴 그릇에 놓고 설탕을 입혀준다.

그들의 궁금한 Tip

1. 그림과 같이 접어줍니다.

2. 과일 차나 과일 혹은 꽃 향이 나는 차와 함께 먹으면 어울립니다. 물론 커피와도 잘 어울려요.

그리스의 과자
쿠루라카

쿠루라카는 원래 부활절에 먹는 과자이지만 지금은 그리스의 일상적인 간식거리가 되었습니다. 꽈배기처럼 돌돌 말린 것이 귀엽지 않나요? 전통적으로는 꽈배기 모양에 깨를 입혀서 만들기도 하며, 꽈배기 모양 외에 원형이나 프레첼 모양으로도 만들 수 있어요. 친구나 아이들과 함께 만들면 즐거운 시간이 될 거예요.

INGREDIENT 24개 정도 기준

밀가루(박력분) 1½컵, 버터 60g, 설탕 1/4컵, 베이킹 파우더 1작은술,
계란 1개 푼 것, 약간의 바닐라 에센스

토핑(옵션)_ 볶은 통깨 1/2컵, 계란 1개, 우유 2작은술, 설탕 1/2작은술

METHOD

❶ 밀가루와 베이킹 파우더를 섞은 후 작게 자른 버터를 넣고 손으로 비벼주면서 밀가루와 버터가 보슬보슬하게 잘 섞이도록 해준다.

❷ 설탕, 계란 푼 것, 바닐라를 잘 섞어 설탕을 충분히 녹여준 후 ❶과 함께 반죽을 해준다.

❸ 반죽이 부드러우면서도 탄력 있게 되면 호두알 크기 정도로 떼내어 손으로 한 번 더 주물러준다.

❹ ❸의 반죽을 연필 굵기 정도로 길게 만들어준다.

❺ 꽈배기 모양으로 꼬아준다.

❻ 베이킹 팬에 만들어진 꽈배기들을 놓고 계란 푼 것, 우유, 설탕 섞은 것을 브러시로 발라준다.

❼ 180℃로 예열된 오븐에 넣고 20~25분가량 구워준다.

그들의 궁금한 Tip

1. 굵기나 크기를 다르게 해서 만들어볼 수도 있어요. 그러나 연필 정도 굵기로 형태 잡아주는 것이 구워지는 정도와 모양도 좋고 먹기에 좋아요.

2. 꽈배기를 만든 후 통깨를 묻히고 계란, 우유, 설탕 섞은 것을 브러시로 바른 후 구워주면 전통적인 쿠루라카의 모습이 됩니다.

시금치 페스트리

스파나코피타

그리스식 간이음식점이나 카페에 가면 한쪽에 이 스파나코피타가 놓여 있는 것을 쉽게 발견할 수 있어요. 스파나코피타는 아주 인기가 좋아서 만들어내는 대로 팔린답니다. 시금치와 페타 치즈를 넣어서 구운 페스트리가 바삭바삭 고소하고 영양도 풍부하죠. 금방 구워져 나온 스파나코피타를 한입 베어 물면 그 맛은 정말 환상적이에요. 시금치를 좋아하지 않는 사람이나 아이들도 스파나코피타로 만들면 쉽게 먹을 수 있습니다.

INGREDIENT 9조각

속_ 시금치 2단(700g), 파 2줄기, 파슬리 잎 썬 것 3큰술, 페타 치즈 200g,
넛맥 1/8 작은술, 후추가루 1/4작은술, 소금 1/2작은술, 빵가루 1큰술, 계란 3개

피_ 필로 시트 220g, 버터 120g

METHOD

❶ 페타 치즈를 포크로 잘게 부순 후, 계란, 넛맥, 후춧가루, 소금, 빵가
루를 넣고 골고루 섞어준다.

❷ 시금치는 깨끗하게 씻어 물기를 빼준 후 잘게 썰어 준비된 ❶과 함
께 섞어준다.

❸ 필로 한 장을 펼친 후 윗면에 버터 녹인 것을 브러시로 발라준다.

❹ 베이킹 틀에 버터를 바른 후에 준비된 ❸의 필로 한 장을 올려준다.
그리고 버터를 바른 또 다른 필로를 그 위에 얹는다. 준비된 필로의
1/2 양을 이와 같이 반복해서 겹쳐준다.

❺ ❹에 준비된 시금치와 여타의 재료 섞은 것을 올려준다.

❻ ❺의 위에 나머지 필로에 버터를 바른 후 겹쳐서 올려준다. 그리고
가장자리를 곱게 접어준다.

❼ 잘 드는 칼로 자른다.

❽ 180℃로 예열된 오븐에 넣고 60분간 구워준다.

그들의 궁금한 Tip

1. 페타 치즈는 두부처럼 하얗고 단단하고 짭조름한 그리스 치즈인데요, 한국의 대형마
트에서도 쉽게 구입할 수 있습니다. 만일 구하지 못했다면 리코타 치즈를 약간 간간
하게 간을 한 후에 사용해도 괜찮아요 **＊ 리코타 치즈 만드는 법 147페이지 참조 ＊**.

2. 종이처럼 얇은 필로 시트는 페스트리를 만들 때 많이 사용됩니다. 전통적으로는 집에
서 만들어 사용하였으나, 상품으로 나와 있어서 편리하게 사용이 가능합니다 **＊ 필로 사
용법 154페이지 참조 ＊**.

3. 오븐에 넣기 전에 필로 위에 물을 몇 방울 떨어뜨리면 필로 모양이 휘지 않고 더 잘
구워집니다. 손에 물을 묻혀서 사진처럼 톡톡 뿌려줍니다.

프랑스인들이 사랑하는
프렌치 양파 수프

프랑스 요리라고 하면 화려한 모습과 식재료가 떠오르는데요. 우리에게도 친숙한 양파 역시 프랑스 요리에서 빠질 수 없는 재료입니다. 이 양파로 만든 수프는 클래식한 프랑스 수프 중 하나예요. 정식 코스 요리에 포함되는 경우는 드물지만, 양파 수프는 프랑스 사람들이 즐겨먹기 때문에 많은 음식점에서 단품으로 팔고 있답니다. 가정에서 어머니들은 이 따뜻하고 소박한 양파 수프를 가족을 위해서 끓이지요. 맛이 개운하면서도 든든하여서 아침에 해장국처럼 먹기도 하고 출출할 때 한 그릇 먹기에도 좋아요. 저는 특별히 양파를 좋아하는 편은 아니어서 처음에는 양파 수프가 별로 끌리지 않았어요. 하지만 맛을 본 순간 반해버렸죠. 그리고 평생 먹고 싶은 음식 중 하나가 되었어요. 치즈를 녹인 바게트가 따뜻한 양파 수프에 올라가는 순간 치직~ 하는 소리가 나는데, 그 맛과 질감은 상상 불가입니다. 그냥 오늘 먹고 내일 또 먹고 싶어진다고나 할까요.

INGREDIENT 3~5인 기준

수프_ 버터 30g, 양파 2~3개, 밀가루 1/4컵, 물 1리터, 소금 1/2~1작은술, 후춧가루 약간, 그뤼에 치즈 25g, 화이트 와인 1/2컵

바게트 썬 것, 그뤼에 치즈 25g

METHOD

① 양파를 채 썰어서 냄비에 버터와 함께 넣고 중불에서 20분 정도 타지 않게 투명하고 노릇노릇해질 때까지 볶아준다.

② 볶은 양파에 밀가루를 넣고 2분 정도 더 볶아준다.

③ 물을 부어준 후 소금과 후춧가루로 간을 해준다.

④ 화이트 와인을 넣어준다.

⑤ 그뤼에 치즈를 작게 잘라서 넣어준 후 은근하게 끓여서 치즈도 녹고 맛도 익어가도록 한다.

⑥ 바게트 조각에 그뤼에 치즈 잘게 썬 것을 듬뿍 올린 후 180℃로 예열된 오븐에 넣고 치즈가 노릇하게 구워지도록 한다(약 10분 정도 소요).

⑦ 수프를 그릇에 담고 구운 치즈 바게트를 올려준다.

그들의 궁금한 Tip

그뤼에 치즈 원래 스위스 지방의 치즈인데 프랑스에서도 많이 먹어요. 누구나 좋아할 만한 적당한 염도와 고소한 맛을 가졌어요. 그냥 먹어도 맛이 좋지만 빵이나 다른 요리와 함께 구워 먹으면 기분 좋은 바삭거리는 질감과 고소함을 줍니다. 물론 그냥 먹어도 누구나 좋아할 만큼 대중적인 치즈입니다.

이탈리아 식당에서는 크레페도 파스타처럼

페투치네 수제트

처음 페투치네 수제트를 보았을 때 파스타인 줄 알았어요. 이탈리아 식당을 운영하던 이탈리아인 친구가 만들어주었는데, '크레페' 그러니까 프랑스식 팬케이크를 '페투치네(이탈리아의 납작하고 긴 파스타)'처럼 썰어서 오렌지 소스와 함께 만든 간식이었어요. 크레페 수제트는 즐겨서 만들어 먹곤 했지만, 크레페를 썰어서 페투치네처럼 만드니까 먹기도 편하고 맛이 더 좋더라고요. 저는 딸기와 오렌지 그리고 민트를 살짝 넣었는데요, 사과나 계피 등 원하는 다른 재료를 사용할 수도 있어요.

INGREDIENT 1인 기준 크레페 2~3장

설탕 2큰술, 오렌지 주스 1/3컵, 오렌지 제스트 * 만드는 법 150페이지 참조 *,
브랜디나 럼 혹은 다른 리쿼(liquor) 1큰술, 버터 1큰술, 딸기 2개, 민트 잎

METHOD

❶ 크레페를 만들어서 준비한다 * 크레페 만드는 법 149페이지 참조 *.

❷ 크레페를 돌돌 말아서 약 5~7mm 정도 폭으로 썰어준다.

❸ 접시에 훌훌 털면서 담아준다.

❹ 딸기 썬 것과 민트 잎을 함께 담아서 준비해둔다.

❺ 설탕을 프라이팬에 넣고 센불에 그냥 두면 부분적으로 누릇누릇해지다가 갈색을 띤다. 그러면 준비한 오렌지 주스와 오렌지 제스트를 넣어준다.

❻ 브랜디를 넣어준다. 불꽃을 일으켜도 좋다.

❼ 만들어진 소스를 크레페 자른 것과 딸기, 민트 잎이 담긴 접시에 부으면 완성!

그들의 궁금한 Tip

1. 원하는 다른 과일을 사용한다면 또 다른 모습의 페투치네 수제트가 되겠죠.
2. 생크림이나 요거트와 함께 곁들여 먹어도 별미예요.

이보다 맛있는 치즈 구이가 있을까!
할루미 치즈 구이

지중해 부근 지역이 산지인 단단하고 쫄깃한 할루미라는 치즈가 있는데, 맛이 매력적인 치즈로 간식으로 먹어도 좋습니다. 한국에서도 구입이 가능합니다. 할루미 치즈는 팬에 구워서 먹는 게 일반적인데요, 꼬치에 꽂아서 구운 할루미 치즈는 먹기도 편하고 재미있어요. 그냥 구워서 먹어도 맛있지만 약간 새콤한 소스를 곁들이는 것도 별미입니다. 기존의 다른 치즈에서 느껴보지 못한 매력에 빠질 거예요. 바비큐 파티에도 몇 개 준비해두면 고기보다 더 인기가 있답니다.

INGREDIENT

꼬치 3개, 할루미 치즈 180g

소스 고춧가루 1작은술, 말린 오레가노 1/2큰술, 올리브오일 1½큰술, 레몬주스 1/2큰술, 후춧가루 약간

METHOD

❶ 할루미 치즈를 잘라서 꼬치에 끼우고 통째로 물에 1시간 정도 담가둔다.

❷ 준비한 소스 재료들을 섞어준다.

❸ 할루미 치즈 꼬치의 물기를 살짝 제거한 후 팬이나 그릴에 구워준다.

❹ 구워낸 할루미 치즈에 소스를 곁들이면 완성!

그들의 궁금한 Tip

1. 할루미 치즈는 약간 짭짤해서 먹기 전에 30분~1시간 정도 물에 담갔다가 요리하면 훨씬 부드럽게 먹을 수 있어요.

2. 샐러드와 함께 먹어도 어울리는데, 특히 오이와 잘 어울립니다. 오이를 납작하게 썰어서 약간의 파프리카 가루나 고운 고춧가루를 뿌려서 할루미 치즈와 곁들이면 간단하면서 멋지게 완성됩니다.

스페인식으로 문어 먹기와 와인 음료 마시기

풀포아페리아 & 상그리아

스페인의 갈리시아 지방의 음식인 풀포아페리아는 삶은 문어 요리입니다. 삶은 문어를 썰어서 소금, 신선한 올리브오일 그리고 파프리카 가루를 뿌려서 먹지요. 스페인의 타파스 바에서 만날 수도 있지만, 풀포아페리아 전문점이 있을 정도로 인기도 있습니다. 와인을 과일과 함께 섞어서 만드는 상그리아를 마시면서 이 풀포아페리아를 먹으면 봄날의 오후 햇살처럼 기분 좋은 선물을 받은 느낌입니다. 쫄깃하면서도 부드럽고 고소한 문어에 상큼달콤한 상그리아가 젖어들어 그 맛이 일품이랍니다. 원래 풀포아페리아는 전통적으로는 나무 그릇에 담아서 서비스되는데요, 일반 그릇에 담아내도 괜찮아요.

INGREDIENT 3인 기준

풀포아페리아_ 문어 다리 3개, 양파 1개, 월계수 잎 3장, 식초 1큰술, 삶을 물(문어가 잠길 정도), 파프리카 가루(혹은 고운 고춧가루) 약간, 소금, 올리브오일 약간

상글리아_ 레드 와인 1병, 레몬 1개, 오렌지 1개, 설탕 2큰술, 사이다(옵션)

그들의 궁금한 Tip

1. 무가 있다면 문어 삶을 때 넣어주세요. 문어가 더 부드럽게 삶아집니다.

2. 풀포아페리아는 식 빵이나 삶은 감자와 함께 먹는 경우가 많 아요. 삶은 감자 위에  문어를 곁들이면 맛이 더 풍부해집니다.

3. 상그리아에 원하는 다른 과일(사과나 파인애플 같은)을 넣어서 만들어도 좋아요. 탄산이 들어가길 원한다면 사이다를 넣을 수도 있습니다.

METHOD

풀포아페리아 만드는 방법

❶ 문어, 양파, 월계수 잎을 냄비에 넣고 문어가 잠길 정도로 물을 담은 후 삶는다.

❷ 삶은 문어를 건져서 납작하게 썰어 그릇에 담고 소금, 올리브오일, 파프리카 가루를 골고루 뿌려주면 완성!

METHOD

상그리아 만드는 방법

❶ 레몬 1개와 오렌지 1/2개를 썰어놓는다. 나머지 오렌지 1/2개는 주스로 만들어 병에 담아준다.

❷ 오렌지 주스와 설탕을 먼저 유리병에 담고 와인을 넣어서 녹여준다.

❸ 레몬과 오렌지를 넣고 섞어준다.

스페인식 감자 오믈렛
또르띠아

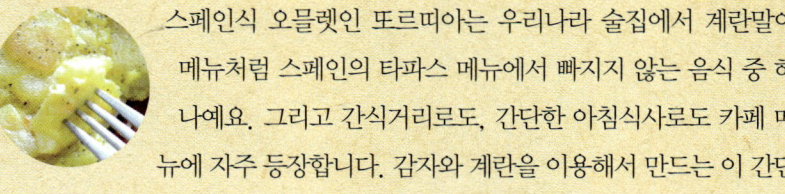

스페인식 오믈렛인 또르띠아는 우리나라 술집에서 계란말이 메뉴처럼 스페인의 타파스 메뉴에서 빠지지 않는 음식 중 하나예요. 그리고 간식거리로도, 간단한 아침식사로도 카페 메뉴에 자주 등장합니다. 감자와 계란을 이용해서 만드는 이 간단한 오믈렛은 "Simple is the best" 중 하나예요. 특별한 재료도, 요리법도 없지만, 맛이 좋아 항상 사람들에게 사랑 받으니까요.

INGREDIENT 1인 기준

계란 1개, 감자 1개, 올리브오일, 소금 1/2~1작은술, 후춧가루 약간

METHOD

❶ 감자는 껍질을 벗겨 나박썰기 해준다. 프라이팬에 올리브 오일을 담고 달궈지면 감자를 넣어 2~3분가량 익혀준다.

❷ 익은 감자를 꺼내어 계란과 소금을 푼 것에 넣어서 섞어준다. 프라이팬에 남은 기름은 다음에 사용할 수 있도록 다른 용기에 부어놓는다.

❸ 감자와 계란 섞은 것을 다시 프라이팬에 넣고 중불에서 3~5분 정도 익힌다.

❹ 프라이팬을 접시로 덮어 떨어지지 않도록 밀착시킨 상태로 프라이팬과 접시를 번갈아 뒤집어가며 오믈렛의 익지 않은 면은 익혀준다.

❺ 2분 정도 오믈렛을 익힌 후 다시 접시를 프라이팬 위에 덮어 뒤집어 주면 완성! 기호에 따라 후춧가루를 살짝 뿌려준다.

그들의 궁금한 Tip

1. 계란 2개, 감자 2개로 양을 늘려서 약간 더 도톰하게 만들 수도 있어요.

2. 감자는 3~4m 정도로 약간 도톰하게 썰어서 사용하면 질감도 좋고, 맛도 좋아요.

든든한 요기가 되는
리코타 파 크레페

크레페라고 하면 크림이나 아이스크림, 과일 등을 곁들인 달콤한 디저트라고 생각합니다. 하지만 크레페는 이런 디저트뿐만 아니라 여기서 소개해드리는 것처럼 야채나 치즈 등의 재료를 곁들여서 먹기도 합니다. 크레페 전문점인 크레페리에 가면 든든한 요깃거리로 인기 많아요. 처음 파를 떠올렸을 때 크레페와 어울릴까? 하는 의문이 생겼어요. 하지만 살짝 볶은 파의 달달한 맛과 짭짤한 리코타 치즈가 맛의 조화를 이루고, 만들기도 간편해서 간식거리로 그만이죠! 가게에서 파는 것보다 크레페를 작게 만들면 귀엽고 맛도 좋아서 친구들이나 아이들에게 인기가 좋아요.

INGREDIENT 작은 크기 8개 또는 큰 크기 4개

크레페 작은 것 8장 혹은 큰 것 4장 *크레페 만드는 법 149페이지 참조*,
파 100g(중간 크기의 파 3~4개 흰 부분과 약간의 푸른 부분),
리코타 치즈 40g, 버터 15g, 소금 약간, 후춧가루 약간

METHOD

❶ 송송 썬 파를 프라이팬에 버터를 두르고 중불에서 익혀준 후 소금과 후춧가루를 약간 뿌려준다.

❷ 리코타 치즈는 잘게 부숴놓고, 크레페와 볶은 파를 준비해두면 크레페 싸기 준비 완료!

❸ 크레페는 사진의 순서대로(❸-❶ ~❸-❸) 네모 모양으로 싸준다.

스페인식으로 빵 먹기
토마토 문지른 브레드

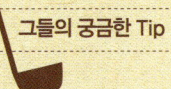

친구 아버지께서 화덕에서 구운 식빵을 가져다주실 때면 우리는 잘 익은 토마토와 신선한 올리브오일 그리고 바다소금을 대령해놓죠. 그리고 깔깔 기분 좋은 웃음을 터뜨리면서 토마토를 문질러 먹는 '식빵 먹기 세레모니'를 벌이곤 하였어요. 이런 식으로 빵을 먹는 것은 '스페인식 빵 먹기'라고 알려져 있는데요, 식당이나 카페에서 이런 식으로 빵이 나오는 경우가 많아요. 지중해 연안의 지역(그리스나 이탈리아 등지)에서도 이렇게 빵을 먹기도 하지요. 간식으로도, 식전 혹은 식중 음식으로도 즐겁고 맛있는 빵 먹기 방법이에요.

그들의 궁금한 Tip

신선한 엑스트라 버진 올리브오일과 바다소금. 통후추가 완숙된 토마토와 어우러진다면 어떤 일류 주방장의 손길이 부럽지 않지요.

❶
❷
❸

INGREDIENT 2인 기준

바게트나 여타의 플레인 식빵 4조각,
잘 익은 토마토 작은 것 2개, 올리브오일 2큰술,
마늘 1조각(옵션), 소금, 후춧가루

METHOD

❶ 만약 빵이 너무 부드럽다면 토스터나 오븐을 이용해서 살짝 노릇하게 구워준다.

❷ 마늘 향을 좋아한다면 마늘 조각을 잘라서 빵에 문질러준다.

❸ 토마토를 잘라서 세게 문질러준다.

❹ 올리브오일, 소금과 후춧가루를 약간 뿌려주면 완성!

여름 오후 상큼함을 즐기는
가스파쵸

가스파쵸는 스페인에서 특히 많이 먹는데 신선한 토마토와 야채, 식빵 등을 이용한 음식이에요. 후텁지근한 여름 오후, 목은 칼칼하고 기력이 없을 때 이 가스파쵸를 한 그릇 먹고 나면 머리가 반짝해진답니다. 상큼하면서도 든든한 요기가 되죠. 시원하게 얼음까지 함께 갈아서 만들면 한여름 무더위를 한방에 날릴 거 같아요. 토마토와 오이 등의 야채들이 비타민과 수분을 보충해주어서 건강에도 좋답니다.

INGREDIENT 4인 기준

홍고추 1개(씨와 속 제거), 완숙된 토마토 500g, 양파 다진 것 1큰술, 마늘 다진 것 1½큰술, 오이 1/2개(작은 오이 1개), 식빵 50g, 레드 와인 식초 1½큰술, 올리브오일 2큰술, 소금 1/4작은술, 후춧가루 약간

METHOD

① 준비된 고추를 잘게 썰고, 토마토와 준비된 양파 1/2의 양을 냉장고에 넣어 시원하게 만들어준다.

② 식빵을 올리브오일, 식초와 함께 분쇄기를 이용해서 갈아놓는다.

③ 준비된 토마토, 오이, 마늘을 분쇄기에서 갈기에 용이하도록 작은 크기 썰어놓고, 남은 양파와 함께 분쇄기에 넣고 갈아준다.

④ 갈아놓은 빵과 야채를 함께 분쇄기에 넣고 갈아준다.

⑤ 소금과 후추도 함께 넣고 갈아준다.

⑥ 그릇에 담고 냉장고에 준비해뒀던 야채들을 작게 썰어서 곁들여주면 완성!

그들의 궁금한 Tip

너무 걸쭉하게 갈아졌다면 얼음을 더 넣고 갈아주세요. 그러면 더 시원한 가스파쵸가 됩니다.

스위스 감자 부침

료스티 &
사과 소스

 료스티는 독일어
를 사용하는 스
위스 지역에서
먹는 감자전이라
고 할 수 있어요. 그러나 지금은
스위스를 대표하는 음식이 되었습
니다. 독일 등지에서도 가정식 카
페나 레스토랑에서 우리의 부추전
이나 감자전처럼 곧잘 만날 수 있
어요. 간단한 식사 겸 간식으로도
먹고, 소시지를 곁들여서 먹기도
합니다. 바삭바삭하게 고소한 료
스티와 새콤달콤한 사과 소스를
함께 먹으면 개운하게 술술 맛있
게 넘어가요. 양배추 절임이나 샐
러드를 곁들여도 좋아요.

INGREDIENT 2~3인 기준

사과소스_ 사과 2~3개, 레몬주스 3~4큰술, 황설탕 1/4컵, 물 1컵, 소금 1/2작은술, 레몬 제스트 2줄 정도(옵션), 계피(옵션)

감자 프리터_ 감자 중간 크기 3개, 계란 1개, 소금 1작은술, 밀가루 2~3큰술, 식용유

METHOD

사과 소스 만드는 방법

❶ 레몬주스, 물, 레몬 제스트*제스트 만드는 법 150페이지 참조*, 설탕과 소금을 냄비에 넣고 섞어준다.

❷ 껍질과 씨를 제거한 사과를 8등분해서 ❶에 넣고 20~30분간 중불에서 익혀준다.

❸ 익은 사과를 포크나 파쇄기로 부숴주면 완성!

METHOD

료스티 만드는 방법

❶ 채썬 감자를 물에 담가둔다.

❷ 물에서 건져낸 감자의 물기를 제거하여 그릇에 담고, 계란 푼 것을 넣고 잘 섞어준 후 밀가루와 소금을 넣고 버무린다.

❸ 프라이팬에 기름을 두르고 한 술씩 떠서 지져낸다.

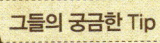

그들의 궁금한 Tip

1. 사과 소스는 취향에 따라서 계피를 함께 넣고 만들기도 하고, 계피가루를 먹기 전에 뿌려주기도 해요.

2. 바삭바삭한 료스티를 만들기 위해서 물에 담가두었던 감자는 면보나 키친페이퍼를 이용해서 물기를 제거해주세요.

이탈리아식
가지 구이 쌈

지중해 연안에 위치한 지역에서는 유달리 가지 요리들을 자주 발견할 수가 있어요. 이 가지 구이 쌈은 이탈리아를 대표하는 식재료들인 모짜렐라 치즈, 토마토, 바질로 가지 속을 채워 그릴이나 팬에 구워낸 것이에요. 각기 다른 풍미를 가진 재료들이 어우러져 매력적인 여름 간식이 되지요. 파티할 때 접시에 가득 담아내면 손님들이 하나씩 가져가서 먹기에 편해요. 새콤한 발사믹 소스와 잘 어울립니다.

INGREDIENT 4인 기준

가지 구이 쌈_ 가지 중간 크기 2개, 모짜렐라 치즈 120~150g,
토마토 작은 것 2개, 바질 잎 16개와 여분의 잎, 소금, 후춧가루,
올리브오일 2큰술, 잣(옵션)

드레싱_ 올리브오일 4큰술, 발사믹 식초 1~2큰술,
토마토 페이스트 1큰술, 레몬주스 1큰술

METHOD

❶ 4~5mm 두께로 길게 썬 가지를 끓는 소금물에 넣고 2분 정도 데
친 후 물기를 제거해준다.

❷ 토마토와 모짜렐라 치즈를 납작하게 썰고 바질 잎도 씻은 후 물기
를 제거해서 함께 준비해둔다.

❸ 데쳐서 물기를 제거한 가지 2개를 십자 모양으로 겹쳐서 놓고 가운
데에 토마토를 얹고 소금과 후춧가루를 약간 뿌려준다. 그리고 바
질 잎과 모짜렐라 치즈를 얹은 후, 다시 바질 잎 한 장을 더 얹는다.
그 위에 토마토를 올리고 소금과 후춧가루를 뿌려준다.

❹ 가지를 감싼 후 올리브오일을 발라준다.

❺ 가지 쌈을 프라이팬이나 그릴을 달군 후에 구워낸다.

❻ 드레싱 소스 재료를 모두 섞은 후 구워낸 가지 쌈에 발라준다.

그들의 궁금한 Tip

1. 가지 싸는 모습

2. 잣과 바질 잎을 함께 곁들여내면 풍미에
건강도 더해줄 수 있어요.

PART 02

북아프리카 · 중동

괴즈레메 · 파투쉬 · 볼라니 · 호머스 · 모로칸 브레드 & 민트티 · 펌프킨 딥 · 스파이시 로스트 아몬드 · 스위트 라이스 푸딩 · 아몬드 비스킷 · 바바가누쉬 · 바크라바 · 자타르 브레드 · 피스타치오 쾨프테 케밥 · 팔라펠 · 바스보사 · 수박 페타 올리브 샐러드

NORTH AFRICA · THE MIDDLE EAST

터키식 부침개
괴즈레메

괴즈레메는 전통적인 터키식 부침개예요. 얇게 피를 만들어 그 속에 야채, 치즈 혹은 고기 등을 채워서 프라이팬에 지져냅니다. 노점에서나 터키 축제에서 꼭 만날 수 있는 음식이죠. 이것은 터키인 친구 집에 초대되어서 갔을 때 할머니께서 구워주셨던 음식이었습니다. 즉석에서 바로 먹을 때는 피의 가장자리를 접을 필요 없이 속을 채운 후 그냥 반으로 접어서 앞뒤를 지져서 먹으면 편해요.

INGREDIENT 2인 기준

피_ 드라이 이스트 1작은술, 설탕 1작은술, 따뜻한 물 50ml,
소금 1/8작은술, 밀가루 1½컵, 물 1큰술, 올리브오일 1큰술

속_ 시금치 50g, 페타 치즈 또는 리코타 치즈 부순 것 100g,
식용유, 레몬 1/2개

METHOD

❶ 따뜻한 물 50ml에 설탕과 이스트를 녹여서 10분가량 뒀다가*ᐟ **드라이**
이스트 사용법 151페이지 참조 * 밀가루와 소금을 섞은 것에 넣고 물도 조금
씩 첨가하면서 반죽해준다.

❷ 반죽한 것을 두 덩어리로 나눠서 젖은 면보나 비닐로 덮고 20분 정
도 두어서 크기가 2배가 될 때까지 둔다.

❸ 반죽의 하나를 밀대로 납작하게 밀고(둥근형 혹은 사각 형태로) 준비
된 시금치와 치즈를 한쪽에 놓아준다. 소금과 후춧가루도 뿌려준다.

❹ 반으로 접어 시금치와 치즈를 덮어주고 가장자리를 접어준다.

❺ 괴즈레메의 한쪽 면에 기름을 바르고 프라이팬에 지져준다. 다른
한 면에도 기름을 바르고 뒤집어서 지져준다(각 면 2~3분씩).

❻ 먹기 편한 크기로 자르고 레몬 자른 것과 곁들여낸다.

그들의 궁금한 Tip

1. 속을 시금치 외 다른 푸른잎 채소나 허브 등을 섞어서 채워줘도 좋아요.
   고기를 좋아하는 분들은 고기를 채워도 좋아요.

2. 레몬을 꽉꽉 짜서 괴즈레메에 뿌려서 드세요. 레몬이 없는 괴즈레메는
   상상할 수 없습니다.

그냥 먹어도 맛 좋고, 고기와도 어울리는
중동식 브레드 샐러드

파투쉬

지중해를 끼고 있는 시리아 등지의 아랍권 국가에서 많이 먹는 샐러드 중에 이 파투쉬를 빼놓을 수 없어요. 고기 음식들과 곁들여 먹기도 하는데요, 파투쉬 그 자체로도 매력 있는 간식거리입니다. 쉽게 구할 수 있는 오이, 토마토, 적양파 등의 야채들을 넣고 바삭하게 구운 납작한 브레드를 함께 버무려주어 든든하게 먹을 수 있습니다. 이 파투쉬에는 슈막이 들어가서 특유의 신맛과 깔끔한 맛을 주는데요. 만약 슈막이 없다면 나머지 양념만으로도 맛있는 파투쉬를 만들 수 있어요.

그들의 궁금한 Tip

1. 특유의 신맛과 상큼한 맛이 나는 슈막이 파투쉬의 맛을 완성한다고 할 수 있어요. 그래서 파투쉬 만들 때 많이 사용합니다. 그러나 슈막이 없어도 맛있는 파투쉬가 되니 걱정 말고 시도해보세요.

2. 파투쉬는 샐러드 접시에 담겨서 서비스되기도 하지만, 우리의 상추쌈처럼 상추에 싸서 제공되기도 합니다.

INGREDIENT 3~4인 기준

피타 브레드 * 피타 만드는 법 152페이지 참조 * 1장,
오이 1개, 토마토 중간 크기 2개, 상추 잎 3~4장,
파슬리 2줄기, 민트 1/2컵, 적양파 작은 것 1개

드레싱_ 다진 마늘 1큰술, 소금 1작은술,
파프리카 가루(또는 고운 고춧가루) 2작은술,
슈막 2작은술, 올리브오일 1큰술, 레몬주스 2큰술,
상추 잎들(옵션)

METHOD

❶ 피타 브레드를 오븐에서 노릇노릇하게 한 번 더 구워서 바삭바삭하게 만든 후 먹기 좋은 크기로 부숴준다.

❷ 드레싱 소스 재료들을 잘 섞어놓는다.

❸ 준비된 야채들을 먹기 좋은 크기로 썰어서 준비된 피타 브레드 조각들과 함께 드레싱 소스에 버무려준다.

아프가니스탄의 납작한 브레드
볼라니

볼라니는 아프가니스탄의 브레드 일종으로 평평한 모양에 바삭바삭한 질감을 가지고 있어요. 속없이 그냥 빵만으로도 만들기도 하고, 감자와 같은 야채로 속을 채워서도 만듭니다. 볼라니는 그냥 먹기도 하고 요거트 소스나 기타 다른 소스와 함께 먹기도 해요. 인도나 중동지역에서 먹는 난이나 피타 브레드와 비슷하지만 좀 더 바삭거린다고 할 수 있어요. 길거리나 카페에서 흔히 만날 수 있는 간편한 간식입니다.

INGREDIENT 작은 것 3개 기준

밀가루 150g, 계란 1개, 소금 1/3작은술, 올리브오일 혹은
식용유 50㎖, 여분의 올리브오일

METHOD

① 밀가루, 소금을 먼저 잘 섞고 계란과 올리브오일과 함께 부드럽고 쫄깃하게 반죽을 해준 후 3등분하여 동그랗게 만든다. 그리고 젖은 면보나 키친페이퍼를 덮고 30분 정도 둔다.

② 반죽 표면에 기름을 발라주면서 가장자리를 당겨 반죽을 평평하게 늘려준다.

③ 평평한 반죽을 두 손바닥으로 탁탁 쳐주면서 찰지게 만들어준다.

④ 늘린 반죽을 접어서 작게 만들었다가 다시 가장자리를 당겨주면서 평평하게 늘려준다.

⑤ 달궈진 팬에 반죽을 넣고 앞뒤를 구워준다.

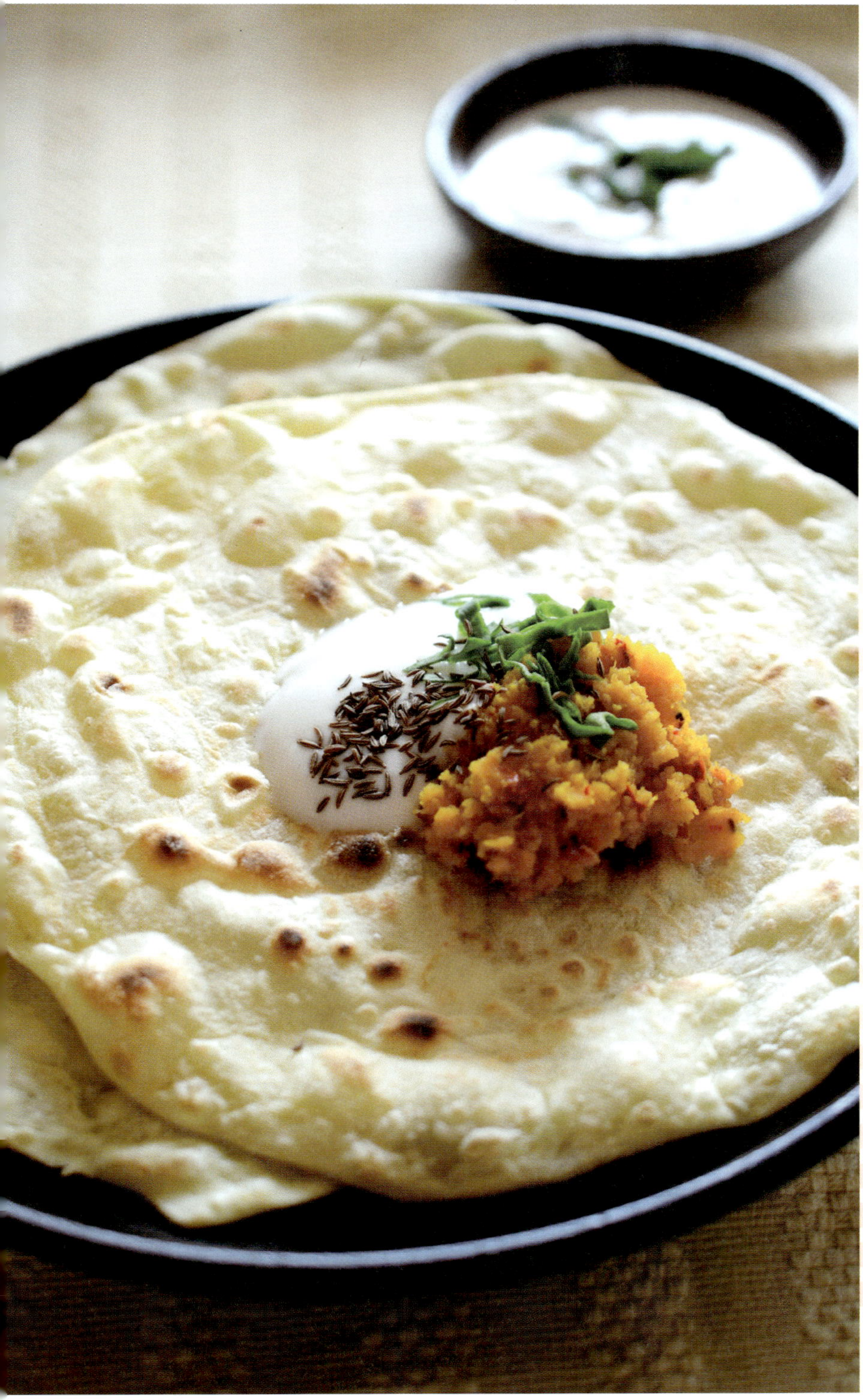

그들의 궁금한 Tip

1. 계란 대신에 물로 반죽해도 좋아요.
2. 팬에 구울 때 부풀어 오르면 그것이 잘 구워지고 있다는 거예요.
3. 큐민 씨를 섞어서 반죽하여 구워주기도 해요.
4. 손으로 떼내어서 소스나 다른 음식과 함께 먹기도 합니다.

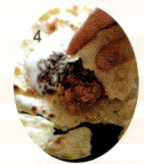

이보다 중독적인 디핑 소스가 있을까?
호머스

우리에게는 좀 낯설지만, 중동과 아프리카에서 많이 먹고 그 외의 지역으로도 널리 알려진 칙피chick pea라는 콩이 있어요. 한국어로는 병아리 콩이라고 불립니다. 이 칙피와 깨 페이스트인 '타히니'로 만든 호머스는 세계적으로 인기 있는 디핑 소스가 되었지요. 특히 중동지역 중에서도 레바논과 같은 동쪽 지중해를 끼고 있는 지역에서 많이 먹어요. 콩이 주재료이다 보니 단순히 디핑 소스의 기능을 넘어서 그 자체로도 단백질이 풍부하여 든든한 요깃거리가 됩니다. 하루 세끼에 꼬박꼬박 그리고도 간식으로까지 호머스를 먹는 한 친구를 알고 있는데요, 호머스를 먹어본 사람이라면 왜 그러는지 이해가 될 거예요. 저 또한 중독적인 맛에 빠졌던 사람 중의 한 명이랍니다.

INGREDIENT 3~4인 기준

칙피 500g, 타히니 1~2큰술,
레몬주스 1큰술, 다진 마늘 1~2작은술,
소금 2작은술, 올리브오일 1큰술

마무리용(옵션)_ 파프리카 가루 1작은술,
파슬리 잎 약간

METHOD

❶ 밤새 불린(최소 8시간 정도) 칙피를 씻어 깊은 냄비에 담아 물을 충분히 부어서 1시간 30분에서 2시간 정도 삶아준 후 물기를 빼준다.

❷ 푸드 프로세서에 칙피를 넣고 갈아준다.

❸ 간 칙피에 타히니, 레몬주스, 저민 마늘, 소금 그리고 올리브오일을 넣고 잘 섞이도록 더 갈아준다.

❹ 호머스를 그릇에 담고 파프리카 가루나 파슬리 썬 것을 곁들여 줘도 좋다.

그들의 궁금한 Tip

1. 칙피를 불릴 때 식소다를 2큰술 정도 물에 풀어서 담가두면 칙피를 부드럽게 만드는 데 도움이 됩니다. 다 불린 후에 칙피를 씻은 물은 버립니다.

2. 칙피는 손으로 뭉개었을 때 잘 으깨지도록 속까지 충분히 익어야 해요.

3. 타히니가 없다면 일반 깨 소스를 사용해도 좋아요. 다만 농도 조절이 필요하고, 맛의 차이는 약간 있지만 우리 입맛에는 괜찮아요.

4. 너무 빡빡해서 갈기 힘들다면 올리브오일과 레몬주스를 약간 더 첨가해줍니다.

사막을 건너온 그들을 적시다
모로칸 브레드 & 민트티

손님을 귀하게 여기는 모로코인들은 손님이 찾아오거나 사막에서 우연히 손님을 만나게 되면 빵을 굽고, 가장은 민트티를 준비해서 대접을 해요. 긴 찻물 줄기를 만들며 몇 잔이고 채워서 손님에게 권하죠. 달달하면서도 민트의 개운한 향과 맛을 가진 민트티가 목이 마르고 지친 그들을 충분히 적셔준답니다. 금방 구워져 나온 구수하고 소박한 빵을 중간에 두고 둘러앉아서 함께 빵을 뜯어 먹고, 민트티를 마시면서 모로코인들은 마음을 나눕니다. 모로코 식당에서도 그러한 풍습은 그대로 이어져 손님들이 오면 먼저 민트티와 빵이 무료로 제공되는 경우가 일반적이에요. 선조들의 소박한 빵의 모습을 그대로 간직한 모로칸 브레드 그리고 달콤한 민트티는 영혼을 적신다는 말들을 많이 하지요.

INGREDIENT

모로칸 브레드 재료 빵 2개 기준

드라이 이스트 2작은술, 설탕 1작은술,
따뜻한 물 2/3컵, 밀가루 2½컵,
통밀 밀가루 1½ 컵, 소금 2작은술,
따뜻한 우유 4/3컵, 통깨 약간(옵션)

모로칸 민트티 재료 400ml 찻물 기준

녹차 잎 1작은술, 페퍼민트 잎 30~40장,
각설탕 8~10개, 400ml 찻주전자 기준

그들의 궁금한 Tip

모로칸 브레드

1. 잘 익은 빵의 아래쪽을 두들겨보면 탁
   탁 기분 좋은 소리가 납니다.
2. 반죽 위쪽에 깨를 뿌려서 구워주기도
   해요.

모로칸 민트티

1. 모로칸 민트티는 식빵과도 어울려요.
2. 찻잔에 따를 때 찻
   주전자를 높이 들어
   서 긴 물줄기를 만
   들면서 붓는 것이 모로코식 차 대접하
   는 방법이에요.
3. 취향에 따라서 차와 설탕의 양을 조절
   할 수 있습니다.

METHOD

모로칸 브레드 만드는 방법

❶ 설탕, 이스트를 따뜻한 물 2/3컵에 넣고 잘 녹여서 따뜻한 곳(여름이라면 실온)에 10분
   정도 두었다가 기포가 고루고루 봉긋하게 생기도록 둔다 * 드라이 이스트 사용법 151페이지 참조 * .

❷ 밀가루와 소금 섞은 것에 ❶을 넣고 우유를 섞어주면서 반죽을 하여 찰지고 탄력 있
   게 반죽해준다.

❸ 반죽 덩어리를 두 개로 나누고 구형으로 빚어서 베이킹 팬에 놓고 평평하게 눌러서
   모양을 잡는다. 그리고 젖은 면보나 키친페이퍼를 덮고 1~1시간 30분 동안 둔다.

❹ 부풀어 오른 반죽 윗면에 밀가루를 약간 바르고 손바닥으로 눌러준다.

❺ 포크로 몇 군데를 찔러준다.

❻ 200℃로 예열된 오븐에 넣고 12분간 굽다가 150℃에서 20~30분간 더 구워준다.

모로칸 민트티 만드는 방법

❶ 녹차잎 1작은술을 찻주전자에 담고 끓인 물을 부어준다.

❷ 첫물을 따라버린다.

❸ 그 찻주전자에 페퍼민트 잎과 각설탕을 넣고 끓인 물을 다시 부어 우려낸 후 잔에
   따라 마신다.

자꾸만 손이 가는 호박 디핑 소스
펌프킨 딥

아랍 · 중동지역에서는 '메쩨'라고 해서 여러 가지 작은 먹을거리들을 식전 음식이나 간식, 주전부리로 즐기는데요. 그 중에서 디핑 소스는 큰 부분을 차지하는데 야채뿐 아니라 신선한 생고기들이 디핑 소스로 이용됩니다. 맛있는 호박에 그들의 향신료들이 믹스된 호박 디핑 소스는 우리나라 사람들이 좋아할 스타일이에요. 여기서는 간략하게 큐민 씨 정도만 사용해보았는데요, 이것만으로도 충분히 매력이 있답니다.

INGREDIENT

씨와 껍질 벗긴 단호박 500g, 큐민 씨 1작은술,
마늘 다진 것 1큰술, 홍고추 1개, 레몬주스 3큰술,
올리브오일 3큰술, 소금 1/2작은술

METHOD

❶ 단호박을 찐 후 그릇에 담고 포크를 이용해서 부숴준다.

❷ 큐민 씨를 팬에 살짝 볶아서 향을 더 좋게 해준다.

❸ 볶은 큐민 씨, 소금, 마늘 다진 것과 홍고추를 잘게 썬 것을 함께 부수면서 섞어준다.

❹ ❸의 양념과 올리브오일, 레몬주스를 단호박과 함께 섞어준다.

식빵과 함께 먹습니다.

당신의 건강과 행복을 위한 음료와 함께 먹는

스파이시 로스트 아몬드

지중해에 접해 있는 북아프리카나 중동의 나라에서 많이 먹는 음식 중 하나가 견과류 인데요, 각종 음식에 사용되기도 하고 이것 자체를 주전부리로 많이 먹기도 합니다. 향신료와 달콤새콤한 양념들이 조화를 이뤄서 만들어내는 이 스파이시 로스트 아몬 드를 오후의 티타임에 함께하는 당신은 풍요롭고 건강한 시간을 선물 받으실 거예요.

INGREDIENT

아몬드 250g, 식용유 3큰술, 큐민 씨 가루 1작은술,
계피 가루 1작은술, 고춧가루 1/2작은술, 황설탕 3큰술,
레몬주스 2큰술, 소금과 후춧 약간

METHOD

❶ 기름을 두른 프라이팬에 아몬드를 넣고 볶다가 큐민 씨 가루, 계피 가루, 고운 고춧가루 그리고 약간의 소금을 넣고 골고루 섞어준다.

❷ ❶에 설탕을 넣고 천천히 녹여주면서 아몬드에 입혀준 후 레몬주 스를 섞어준다.

❸ 그릇에 옮겨 담은 후 소금과 후춧가루를 뿌려준다.

❹ 베이킹 팬에 펴서 담고, 150℃로 예열된 오븐에서 5분 정도 구운 후 식혀준다.

❺ 먹을 때 황설탕을 뿌려준다.

그들의 궁금한 Tip

(저는 아몬드를 껍질째 사용하였는데요) 껍질 벗긴 아몬드도 많이 사용됩니다. 껍질이 있는 아몬드는 뜨거운 물에 데쳐주면 껍질을 벗기기 편리합니다.

아랍의 인기 디저트 겸 간식거리

스위트 라이스 푸딩

쌀을 갈아서 만드는 이 푸딩은 특히 아랍에서 인기 있는 간식이자 후식으로도 많이 먹어요. 부드러운 라이스 푸딩에 피스타치오와 아몬드 같은 견과류 그리고 향신료들이 아랍의 맛을 느끼게 해줍니다. 특히 로즈 워터나 오렌지 플라워 워터가 있다면 함께 넣어주세요. 꽃 향이 나는 푸딩, 상상이 되세요? 꿀을 함께 곁들여서 내면 취향대로 넣어 먹을 수 있습니다.

INGREDIENT 4~5인 기준

쌀 간 것 1/4컵, 옥수수 가루 3큰술, 우유 1L, 설탕 6 큰술, 아몬드 간 것 3/4컵, 피스타치오 간 것 1/4컵, 계피 가루 약간, 꿀 약간

METHOD

❶ 쌀 간 것과 옥수수 가루를 찬 우유 약간과 함께 섞어준다.

❷ ❶에 사용하고 남은 나머지 우유를 설탕과 함께 냄비에 넣고 뭉근하게 끓여주다가 ❶을 넣고 10~15분 정도 잘 저어주면서 끓여 걸쭉한 상태가 되도록 한다.

❸ 준비한 아몬드 간 것의 분량 중 1/2 분량을 넣고 5분 정도 더 끓여준다.

❹ 열기를 식힌 후 그릇에 담는다.

❺ 아몬드와 피스타치오 간 것과 계피 가루를 그릇에 담은 푸딩에 뿌려주고, 꿀을 따로 약간 담아서 함께 곁들여낸다.

그들의 궁금한 Tip   아몬드를 순서 ❸에 넣을 때 로즈 워터를 2큰술 정도 넣어주면 아랍의 향미를 좀 더 느낄 수 있습니다.

커피의 친구 그리고 민트티의 또 다른 친구
아몬드 비스킷

아랍인들에게 차 마시기는 중요한 일상입니다. 차를 마실 때 함께 곁들이는 스낵들 중 아몬드 비스킷은 심플하면서도 정감 가는 비스킷입니다. 카다몬을 가지고 있다면 신선한 향신료로 아몬드 가루와 함께 섞어서 특별한 향이 나는 고소한 아몬드 비스킷을 만들 수 있어요. 물론 취향에 맞게 선택해도 좋습니다.

INGREDIENT 4~5인 기준

밀가루 150g, 버터 25g, 소금 1/8작은술, 물 1/2~1큰술(또는 로즈 워터),
식용유(튀김용), 볶은 아몬드 50g, 설탕 1큰술, 소금 1/8작은술

METHOD

❶ 밀가루와 소금을 섞은 것에 버터를 넣고 골고루 섞어준 후 약간의 물을 넣어서 반죽한다. 엄지손가락만 하게 떼어내어서 살짝 눌러준다.

❷ 식용유를 프라이팬에 붓고 달군 후 ❶을 2~3분가량 튀겨낸다.

❸ 건져낸 비스킷은 키친페이퍼를 이용해 기름을 빼준다.

❹ 볶은 아몬드를 설탕 1큰술, 소금 1/8작은술과 함께 분쇄기로 갈아서 비스킷에 뿌려준다.

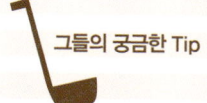

그들의 궁금한 Tip

1. 밀가루와 버터를 섞을 때 로즈 워터나 오렌지 플라워 워터를 섞어준다면 더 매력적인 아랍 스타일 비스킷을 만들 수 있습니다.

2. 아몬드를 갈 때 카다몬 같은 향신료를 섞어주기도 합니다.

가지로 만든 딥, 세계인의 사랑을 받다
바바가누쉬

우리에게도 사랑 받는 야채인 가지로 디핑 소스를 만든다는 건 낮설지도 몰라요. 이 또한 지중해에 접한 중동지역에서 인기 있는 디핑 소스이며, 세계적으로 널리 사랑받는 딥이기도 해요. 불에 구운 가지를 이용하는데, 훈제의 냄새가 매력적이랍니다. 완성된 바바가누쉬는 가지의 완벽한 변신이어서, 처음 접하는 사람들은 가지가 사용된지 모르는 경우도 많아요. 그저 "아, 맛있는 디핑 소스구나"라고 말한답니다.

INGREDIENT

가지 큰 것 3~4개, 타히니 1~2큰술, 레몬주스 2큰술,
다진 마늘 1~2작은술, 소금 2작은술, 올리브오일 2큰술

곁들일 것(옵션)_ 파프리카 1작은술, 파슬리 잎 약간, 토마토 썬 것 약간

METHOD

❶ 가지를 직화로 구워준다.

❷ 구운 가지를 찬물에 10분간 담가둔다.

❸ 가지의 껍질과 꼭지를 제거해주고 체에 담아 15~20분간 물기를 빼준다.

❹ 타히니, 레몬주스, 다진 마늘, 소금, 올리브오일을 가지와 함께 갈아준다.

❺ 그릇에 담은 바바가누쉬에 파프리카 가루와 파슬리, 토마토 썬 것을 곁들여서 세팅한다.

그들의 궁금한 Tip

1. 직화 구이 대신 그릴에 가지를 구울 수도 있어요.
2. 타히니 대신 일반 깨 소스를 사용해도 괜찮아요. 그러나 타히니가 훨씬 진하고 걸쭉하다는 것을 감안한다면 농도 조절이 필요해요.
3. 식빵과 함께 제공합니다.

당신의 인생이 달콤하기를 바라는
티타임의 친구

바크라바

겹겹의 바삭거리는 페스트리 속에 견과류가 들어 있는 이 다이아몬드 모양의 과자는 중동과 지중해 등지에서 널리 먹는답니다. 그 외에도 일반 디저트 카페나 베이커리숍에서도 만날 수 있는 잘 알려진 중동식 간식입니다. 바크라바는 신에게 바쳐지는 음식 중 하나이기도 하고, 티타임에 항상 함께하는 좋은 간식거리예요. 중동지역에서는 유달리 단 간식들을 많이 먹는데, 이때 꼭 차와 함께 곁들이지요. 그들이 단 음식을 나누는 것은 "당신의 인생이 달콤하기를 바랍니다"라는 의미를 담고 있다고 해요.

INGREDIENT

속_ 호두(혹은 피스타치오 또는 다른 견과류) 3컵, 설탕 2큰술, 로즈 워터 1작은술

피_ 필로 페스트리 220g, 버터 190g, 통아몬드 몇 알(옵션)

시럽_ 설탕 2컵, 물 200㎖, 레몬주스 2큰술, 로즈 워터 1/2작은술(옵션)

METHOD

❶ 호두를 잘게 부수어서 설탕과 로즈 워터를 섞어준다.

❷ 베이킹 틀에 녹인 버터를 발라준다.

❸ 버터 녹인 것을 필로 한 장 윗면에 발라준다.

❹ ❸을 ❷에 넣고 붙여준다. 준비된 필로의 절반 분량을 한 장씩 버터를 발라서 베이킹 틀 안에 겹쳐서 붙여준다.

❺ 속을 채워준다.

❻ 나머지 필로를 한 장씩 버터를 발라서 겹쳐 붙여준 후, 틀 크기에 맞게 잘라낸다.

❼ 날카로운 칼을 이용해서 다이아몬드 모양으로 잘라준 후 버터를 윗면에 발라준다(아몬드 몇 개를 위에 올려주어도 좋다). 180℃로 예열된 오븐에 넣어 50분간 굽는다.

❽ **시럽 준비_** 설탕과 물을 냄비에 담고 중약불에서 가열한다. 설탕이 다 녹고 끓기 시작하면 5분 정도 더 끓여준다. 그리고 레몬주스를 넣으면 시럽 완성!

❾ 다 구워진 바크라바에 뜨거운 시럽을 뿌려준다.

그들의 궁금한 Tip

1. 필로 페스트리 사용법은 154페이지를 참조하세요.
2. 중동에서는 꽃 향과 같은 향수들이 몸을 치장하는 데에만 이용되는 것이 아니라 이렇게 바크라바 등과 같은 음식을 만들 때 사용되는 경우가 많아요. 로즈 워터가 없다면 생략할 수는 있으나 아무래도 꽃 향이 살짝 나는 것이 더 바크라바답다고 할 수 있어요
3. 통아몬드 대신 피스타치오 부순 것을 뿌려주기도 합니다.

피자보다 인기 있는 레바논 피자
자타르 브레드

자타르는 말린 허브와 볶은 깨, 여타의 향신료, 소금 등을 섞어서 만든 양념이라고 할 수 있어요. 이 자타르를 아랍식 평평한 빵과 함께 먹는데, 이것을 '자타르 브레드' 라고 합니다. 스낵바에 가서 (마치 이탈리안 피자집처럼) "자타르 주세요"라고 말하면 이 자타르를 바른 빵을 줍니다. 작은 피자처럼 들고 먹을 수 있는 인기 군것질거리랍니다. 고소하고 새콤하고 담백하기도 한 이 자타르 브레드는 자꾸 먹고 싶은 간식입니다.

INGREDIENT

브레드(8개)_ 밀가루 3컵, 따뜻한 물 1컵, 소금 1작은술,
드라이 이스트 1작은술, 설탕 1큰술

자타르_ 슈막 1/4컵, 볶은깨 2큰술, 말린 오레가노 2큰술,
소금 1/4~1/2 작은술, 올리브오일 1/2컵

METHOD

❶ 설탕 1큰술와 이스트 1작은술을 1/4컵 따뜻한 물에 녹여서 이스트를 활성화시키고 *드라이 이스트 사용법 151페이지 참조* 밀가루와 소금을 섞은 것에 넣은 후 남은 물을 조금씩 넣으면서 반죽을 해준다.

❷ 젖은 면보나 키친페이퍼를 덮어서 1시간 정도 두면 반죽이 부풀어 오른다.

❸ 반죽을 치대서 8등분 하고 젖은 면보나 키친페이퍼를 덮어서 20분 정도 둔다.

❹ 반죽을 밀대로 밀어서 평평하게 만들어준다(5mm 정도 두께, 18cm 지름 크기 정도).

❺ 반죽 몇 군데를 포크로 찔러준다.

❻ 190℃로 예열한 오븐에 10~12분간 구워낸다 *피타 만드는 법 152페이지 참조* .

❼ 올리브오일을 제외한 자타르 재료를 함께 갈아준다.

❽ 신선하게 구워진 빵에 자타르와 올리브오일을 섞어서 발라준다.

빵을 올리브오일에
먼저 찍은 후
자타르를 발라서
먹기도 합니다.

그들의 궁금한 Tip

1. 슈막이 없다면 레몬 제스트 *제스트 만드는법 150페이지 참조* 를 약간 넣어줘도 좋아요. 슈막과 레몬 제스트를 함께 넣기도 하구요.

2. 마늘 향을 좋아한다면 마늘 간 것 1작은술을 자타르에 섞어줘도 좋습니다.

수제 버거보다 맛있고 인기 있는
피스타치오 쾨프테 케밥

간 고기를 뭉쳐서 구워내는 '쾨프테'는 중동지역에서 보편화된 음식이에요. 터키인이 하는 가게에서 먹어본 고기에 피스타치오를 섞어서 꼬치에 붙여서 구워낸 피스타치오 쾨프테 케밥은 그냥 쾨프테 보다 질감이 재미있고 맛이 좋았어요. 오도독 씹히는 피스타치오와 부드럽고 적당히 기분 좋게 씹히는 고기, 거기에 큐민 씨 등의 향신료가 특별하고 매력 있는 풍미를 더합니다. 원하는 샐러드와 함께 곁들여 먹는 피스타치오 쾨프테 케밥은 단연 인기 메뉴랍니다. 수제 버거 만드는 방법보다 간편하지만 맛은 훨씬 좋고 특별하지요.

INGREDIENT

다진 마늘 1작은술, 양파 다진것 1/2컵, 큐민 씨 가루 1작은술,
파프리카 가루(혹은 가는 고춧가루) 1작은술, 다진 고기 250g,
샐러리 잎 썬 것 1/2컵, 피스타치오 부순것 50g, 소금 1/2작은술,
후춧가루 약간, 올리브유(혹은 다른 식용유) 약간

METHOD

① 프라이팬에 약간의 기름을 두르고 양파를 볶다가 양파가 투명하게
   익으면 마늘, 큐민 씨 가루, 파프리카 가루를 넣고 함께 볶아준 후
   다른 그릇에 담아서 식혀준다.

② 샐러리 잎 썬 것과 피스타치오 부순 것을 ①의 그릇에 담아서 섞어
   준다.

③ ②에 고기와 올리브오일을 약간 넣고 잘 섞어준다.

④ 꼬치에 고기를 조물조물해서 붙여준다.

⑤ 프라이팬이나 그릴에 혹은 직화로 구워준다.

그들의 궁금한 Tip

1. 나무 꼬치를 사용할 경우 미리 30분 전에 찬물에 담가뒀다가 사용하면 고기를 구울 때 타는 것을
   방지할 수 있어요.

2. 양고기로 쾨프테를 만드는 경우가 많은데요, 저는 소고기를 이용해서 만들었어요. 아직 양고기에
   익숙하지 않은 우리나라 사람들에게는 소고기가 더 먹기 좋을 거 같아요.

3. 피타 브레드＊ 피타 만드는 법 152페이지 참조 ＊ 혹은 일반 식빵과도 어울려요.

4. 함께 먹은 샐러드는 특별히 콩(삶은 콩 혹은 통조림 콩 100g), 토마토(1개), 샐러리 썬 것을 올리브
   오일(1큰술), 식초(1큰술), 큐민 씨 가루(1/2작은술), 소금과 후춧가루 약간을 섞어서 만들면 더 맛있
   는 쾨프테가 완성됩니다.

중동과 아프리카의
대표적인 거리 음식
팔라펠

이집트와 같은 북아프리카에서 시리아, 레바논 등지의 중동지역까지 널리 먹어지는 팔라펠은 전 세계적으로 널리 퍼진 페스트 푸드이자, 간식거리가 되었어요. 호머스 만들 때에도 소개해드렸던 병아리 콩으로 만드는데요. 주로 야채나 콩, 견과류들을 이용해서 만들어서 채식주의자들에게 인기 메뉴이지요.

INGREDIENT 4인 기준

칙피(병아리 콩) 3/4컵, 양파 1개, 마늘 2쪽, 파슬리 잎 썬 것 4큰술,
큐민 씨 가루 1작은술, 베이킹 파우더 1/2작은술, 소금 1/2작은술,
후춧가루 약간, 식용유(팬프라이할 것)

METHOD

1 밤새 물에 불린 칙피를 씻은 후 넉넉한 냄비에 담고 물과 함께
삶아서(1~1시간 30분 동안) 물기를 빼준다.

2 믹서기나 푸드 프로세서에 재료들을 넣고 갈아준다.

3 호두 크기 정도로 떼어 빚어준다.

4 동글동글하거나 동글납작하게 만들어준다.

5 프라이팬에 기름을 넉넉하게 두르고 지지거나 튀겨낸다.

그들의 궁금한 Tip

1. 샐러드나, 요거트, 야채들과 잘 어울려요.
2. 피타 브레드＊피타 만드는 법 152페이지 참조＊에
싸서 먹기도 합니다.

아라비아식 풍미
바스보사

바스보사는 이집트와 중동지역에서 먹는 아라비아식의 케이크 혹은 과자라고 할 수 있어요. 파스타 등을 만드는 단단한 종류의 밀을 아주 작은 알갱이로 만든 세몰리나가 주재료입니다. 구수하게 금방 구워져나온 바스보사에 시럽을 부어서 촉촉함과 단맛을 줍니다.

INGREDIENT

세몰리나 500g, 코코넛 분말 1컵, 베이킹 파우더 1/2작은술, 설탕 1컵,
버터 녹인 것 200g, 플레인 요거트 200g, 바닐라 에센스 1작은술,
통아몬드 40~55개 정도

시럽_ 설탕 1½컵, 물 1컵, 레몬주스 1작은술

METHOD

❶ 세몰리나, 코코넛 분말, 베이킹 파우더, 설탕, 버터 녹인 것을 플레
인 요거트와 함께 잘 섞어준다.

❷ 베이킹 팬에 버터를 발라준 후 ❶을 담아 꼭꼭 잘 눌러서 평평하게
만들어준다.

❸ 칼로 다이아몬드 혹은 네모 모양으로 자른 후 아몬드를 하나씩 박
아준다. 그리고 190℃로 예열된 오븐에 넣고 30분가량 굽는다.

❹ 바스보사를 굽는 동안 설탕과 물을 냄비에 담고 중약불에서 가열
하여 설탕이 다 녹고 끓기 시작하면 5분 정도 더 끓여준다. 그리고
레몬주스를 넣고 섞은 후 불을 꺼 시럽을 완성한다.

❺ 바스보사가 다 구워지면 오븐에서 꺼내어 뜨거울 때 시럽을 골고
루 부은 후 식혀준다.

그들의 궁금한 Tip

1. 세몰리나는 사진과 같이 작은 알갱이로 특유의 질감이 있어서
매력이 있죠.

2. 아몬드 없이도 바스보사를 만들기도 하는데요, 맛이나 영양 면
에서는 아몬드를 넣는 것이 좋아요. 생아몬드는 데치면 껍질을
쉽게 벗길 수 있답니다.

3. 바스보사를 자르고 나서 오븐에 넣기 전에 한 번 더 손으로 눌
러주면 좀 더 결이 고운 바스보사를 만들 수 있어요.

수박을 백배 더 맛있게 먹는 방법

수박 페타 올리브 샐러드

여름에 먹는 수박이 시원하고 달긴 하지만, 저는 수박을 그렇게 즐기는 편은 아니었어요. 그런데 시리아 친구가 만들어준 수박에 페타 치즈 그리고 올리브를 넣어서 만든 샐러드는 갈증을 해소시켜줌은 물론이고, 맛이 너무 좋아서 여름이면 친구들에게 꼭 만들어주고 싶은 음식이에요. 수박의 단맛과 짭짤하고 담백한 페타 치즈 그리고 올리브에 상쾌한 민트까지 곁들여져서 여름에 먹는 간식거리로는 최고예요.

그들의 궁금한 Tip

1. 페타 치즈가 없으면 리코타 치즈*리코타 치즈 만드는 방법 147페이지 참조*로 대체해도 괜찮아요.

2. 소스를 젓가락으로 충분히 섞은 후 재료들과 섞어줍니다.

INGREDIENT 3~4인 기준

수박 작은 것 1/2통, 페타 치즈 200g, 올리브 20~24개, 민트 잎 10~12장, 레몬주스 3큰술, 올리브오일 3큰술, 소금 1/4작은술, 후춧가루 약간(옵션)

METHOD

❶ 수박은 껍질과 씨를 제거하고 2cm 정도 크기의 육면체로 썰어준다.

❷ 페타 치즈는 포크로 부숴준다.

❸ 민트 잎을 채 썰어주고 레몬주스, 올리브 오일, 소금과 약간의 후춧가루를 넣은 후 수박과 치즈, 올리브와 살살 섞어준다.

❶

❷

❸

Europe Malta France MALTA the Le

the Middle East Afghanistan Italy Latin America

Switzerland Afghanistan Nepal Cuba the Caribbean Ita

Arabia Vietnam Central and South America India the Cari

Italy Italy Italy Switzerland Braz

Germany Cuba the Philippines Malaysia Switzerland Chil

Singapore Thailand Turkey

Morocco the Philippines SPAIN South Asia UK

and South America Morocco

Switzerland India Europe Italy Europe Indi

Afghanistan North Africa Indonesia MALTA Sing

India the Middle East Afghanistan North A

Ecuador Thailand the Le

France Lebanon the Mediterranean Ecuad

the Middle East Croatia Latin America

Singapore Argentina Switzerland the Maya

Central and South America Argentina Mexico

MALTA Afghanistan Franc

Europe Nepal Morocco

teaming tea South Asia Vietnam the M

pain Italy Afghanistan Switze

Afghanistan the Middle East the

궁·금·한·세·계·의·군·것·질

PART 03

남아시아

모모 • 찰흑미 푸딩 • 사모사 • 베트남 커피 • 매콤한 옥수수 부침 • 망고 코코넛 라이스 • 로작 • 쿠쿠르 우당 • 솔티드 레몬주스 • 가도가도 • 사테 • 스프링롤 • 마르타박 • 귀나탕 • 카사바 케이크

SOUTH ASIA

네팔의 만두
모모

네팔 음식 하면 가장 알려진 것이 모모일 거예요. 이름도 모모여서 외국인들도 부르기 쉬운데다가, 간단하고 가볍게 먹을 수 있어서 인기도 좋지요. 네팔의 만두인 모모는 다른 만두들과는 달리 고기, 야채와 함께 토마토가 들어가는데, 느끼한 맛 없이 깔끔하게 만들어주지요. 만드는 사람들에 따라서 속을 채우는 재료가 달라지지만 대체로 토마토가 들어가는 경우가 많아요. 그래서 모모에서는 특유의 새콤하면서 깔끔한 맛이 느껴집니다. 모모를 찍어 먹는 소스에 또한 토마토가 이용됩니다. 가족이 모여서 만두를 빚듯이 친구와 가족들이 함께 피를 밀고 속을 채워서 모모 빚는 시간을 가지면 즐거운 추억이 될 거예요.

INGREDIENT 3인 기준

피_ 밀가루 2컵, 소금 1/8작은술, 식용유 1/2큰술, 물 10큰술 정도(만들면서 조정)

속_ 고기 다진 것 450g, 양파 다진 것 1/2컵, 파 다진 것 1/4컵, 토마토 잘게 썬 것 1/2컵,
마늘 다진 것 1/2큰술, 생강 다진 것 1/2큰술, 강황 가루 1/4작은술, 홍고추 간 것 1큰술,
식용유 약간, 소금 1/2작은술, 후춧가루 약간

모모 소스_ 마늘 간 것 1큰술, 생강 간 것 1/2큰술, 토마토 작은 것 2개, 소금 1큰술,
고운 고춧가루 1큰술, 식용유 1큰술, 물 100ml

METHOD

❶ 피에 사용될 반죽을 찰지고 윤기가 나도록 치댄 후 비닐에 싸놓고
속 만들기를 준비한다.

❷ 속의 재료들을 골고루 섞은 후 냉장고에 1시간쯤 둔다.

❸ 피에 사용될 반죽을 100원짜리 지름의 구형으로 떼내어서 밀대로
둥글고 납작하고 얇게 밀어준다. 가장자리를 밀대로 얇게 밀어주면
서 크기를 넓혀준다(3배 정도 크기로 밀어준다).

❹ 피를 손바닥에 펴고 속을 한 술 크게 떠서 놓는다.

❺ 원하는 모양으로 빚어준다.

❻ 김이 오른 찜기에 모모를 넣고 10분간 쪄준다.

그들의 궁금한 Tip

1. 네팔의 만두 속인 만큼 염소나 산양고기가 사용되기도 하고, 지역이나 상황에 따라서 넣는
고기가 달라지기도 해요. 저는 소고기와 돼지고기를 반반씩 섞어서 사용하는데요, 이렇게
만들면 적당한 질감과 촉촉함을 줍니다.

2. 만두 속에 강황 가루를 약간 넣어줬는데요, 없는 경우 카레 가루로 대체해도 괜찮아요.

3. 모모의 모양은 전통적으로는 복주머니처럼 빚어주는데요, 실제로 집집마다 다양한 모양으
로 빚는답니다. 어떤 모양이라도 좋아요.

4. 모모 소스를 만들 때 깨소금을 넣어주면 부드러운 맛의 균형이 생겨서 우리 입맛에도 잘 맞
고 좋아요.

동남아시아 전통 가정식 간식
찰흑미 푸딩

인도네시아, 말레이시아, 싱가포르 그리고 태국 등지에서는 쌀과 코코넛을 이용한 음식들이 많아요. 찰흑미 푸딩은 흑미(찰흑미)를 이용해서 가정에서 쉽게 만들어 먹는 전통적인 간식이에요. 할머니, 어머니가 해주시는 음식이기도 하구요. 한솥 가득 만들어서 가족들 그리고 친구들과 나눠 먹는답니다. 가정에서 뿐만 아니라, 거리에서도 쉽게 접할 수 있는 인기 간식입니다. 따뜻하게 해서 먹어도, 시원하게 식혀서 먹어도 모두 맛있게 먹을 수 있는 별미예요. 토핑 소스로 코코넛 크림 소스를 뿌려서 먹으면 은은한 코코넛 향이 부드럽고 찰진 푸딩과 어우러져 입에서 사르르 감깁니다.

INGREDIENT 4인분 기준

찰흑미 2컵, 물 6컵, 황설탕 3/4컵

코코넛 크림 소스용_ 코코넛 밀크 200ml, 소금 1/2작은술, 설탕 1/8작은술

토핑(옵션)_ 코코넛살 썬 것 1컵, 황설탕 1/4컵, 물 2큰술

METHOD

❶ 불린 쌀을 담은 냄비에 찬물을 붓고 센불에서 끓이다가 끓기 시작
하면 중불로 낮춘다.

❷ 끓고 20분 정도 후 물이 조려지고 쌀이 익으면 약불로 낮춘다.

❸ 황설탕을 넣고 약한 불에서 잘 저어서 설탕을 녹여준다.

❹ **코코넛 소스_** 코코넛 크림과 소금 그리고 약간의 설탕을 넣고 뭉근
하게 끓여서 소스를 만든다.

❺ **토핑_** 설탕과 물을 중불에 녹여준다.

❻ ❺에 코코넛 살을 넣고 잘 섞어서 코코넛 토핑을 완성시킨다.

그들의 궁금한 Tip

1. 흑미를 하룻밤 정도 미리 불려줍니다(최소 4시간 불려주면 익히기에도 용이하고 시간도 절약돼요).

2. 불린 쌀은 넉넉한 크기의 냄비에 담아줍니다.

3. 단호박으로 토핑 만들기 : 신선한 코코넛을 이용해서 토핑을 만들면 맛도 질감도 훨씬 좋은
   데요, 단호박으로 토핑을 만들어보는 것도 우리 입맛에 잘 맞을 것 같아요.

4. 구입한 코코넛 밀크가 너무 묽다면 찹쌀 가루(1작은술 정도)를 넣어서 걸쭉하게 만들어줘
   요, 그냥 가루를 바로 넣는 것보다 물에 살짝 풀어서 넣으면 덩어리가 지지 않게 소스를 만
   들 수 있어요.

인도 스타일 야채 커리 튀김 만두
사모사

사모사는 바삭바삭한 인도식 튀김 만두예요. 속을 야채만으로 채워서 채식주의자들에게 인기가 있죠. 물론 고기로 속을 채우기도 합니다. 만드는 사람에 따라서 모양이 약간씩 다르지만, 대체로 삼각형 모양으로 만듭니다. 이 사모사는 인도 스낵바나 커리숍에서 어김없이 만날 수 있어요.

INGREDIENT 3인 기준

피_ 밀가루 1컵, 소금 1/4작은술, 식용유 1/2큰술, 물 5큰술

속_ 감자 1개, 당근 1개, 완두콩 1/4컵, 큐민 씨 1/4작은술,
다진 생강 1작은술, 고운 고춧가루 1/8작은술, 강황 가루 1/2작은술 ,
소금 1/4작은술, 식용유 1큰술, 식용유(튀김용)

METHOD

① 만두피에 사용될 밀가루에 식용유 1/2큰술을 넣고 물을 약간씩 섞으면서 찰지게 반죽한 후, 비닐에 싸서 둔다.

② 감자와 당근은 껍질을 벗기고 끓는 물에 15분간 정도 삶은 후 1cm 정도로 깍둑썰기를 해놓는다. 기름을 두른 달군 프라이팬에 큐민 씨, 생강, 고춧가루, 강황 가루, 소금을 넣고 함께 볶다가 완두콩, 감자, 당근을 넣어 함께 볶아준다.

③ 준비된 반죽을 6개의 동그란 구형으로 만든 후 밀대로 각각을 동그랗게 밀어서 반으로 잘라준다.

④ 피를 고깔 모양으로＊그들의 궁금한 Tip 2 참조＊만들고 속을 채워준다.

⑤ 열린 피를 꼭꼭 눌러서 접어준다.

⑥ 180℃로 달궈진 기름에 튀겨낸 후 키친페이퍼를 이용해 기름을 빼준다.

1. 속에 들어갈 양념에서 강황 가루 대신 카레 가루로 대체하는 것도 간편
   하게 만들 수 있는 방법이에요.

그들의 궁금한 Tip 2. **고깔 모양으로 만들어서 속 채우는 방법_** 반으로 자른 반원 반죽의 직면
   부분에 물을 약간 바르고 접어서 붙여서 고깔을 만들어요. 속을 채운 사
   모사를 닫을 때 중간 면부터 붙이고 공기를 빼면서 나머지 면을 붙여줍
   니다.

카페라떼?
달달하고 진한 다방커피?
베트남 커피

베트남 사람들은 커피를 참 좋아합니다. 베트남 친구들과 함께 커피를 마시러 갈 때면 늘 "베트남 커피가 최고야" 하고 즐거워했었지요. 연유가 들어가서 부드러우면서도 진하고 달달한 베트남 커피를 처음 마셨을 때 진한 카페라떼 같다고 생각이 들다가, "다방커피 맛이기도 한데?" 하면서 그들의 정감 있는 노점 커피 문화에 젖어 들었어요. 베트남 커피는 따뜻하게도, 시원하게 만들어도 모두 인기랍니다.

INGREDIENT

연유 30㎖, 볶은 커피 원두 간 것 2작은술, 뜨거운 물, 드립할 필터 용기

METHOD

❶ 베트남 커피 드립하는 용기를 사용

❷ 차 컵에 30㎖ 정도의 연유를 먼저 담는다(175㎖ 투명 잔의 경우 1cm 높이 정도로 붓는다).

❸ 컵 위에 거름 구멍이 있는 틀을 덮는다.

❹ ❸의 위에 커피를 담을 그릇을 올리고 원두 간 것 2작은술을 넣는다.

❺ 누름 틀을 ❹의 위에 올리고 가볍게 눌러준다.

❻ ❺의 위에 뜨거운 물을 붓는다.

그들의 궁금한 Tip

1. 커피를 담을 때 평평하게 담고 너무 세지도 약하지도 않게 누름틀을 눌러줍니다.

2. 베트남 커피 드립 용기가 없을 경우 일반 드립 필터를 이용해서 커피를 뽑고 그 커피액을 연유와 함께 담아 줄수도 있습니다.

인도네시아식
매콤한 옥수수 부침

인도네시아의 인기 있는 거리음식들 중 하나인 이 매콤한 옥수수 부침은 우리가 스낵을 먹듯이 손으로 집어 먹는 모습을 자주 볼 수 있어요. 고추, 마늘, 생강, 적양파, 큐민 씨와 같은 매콤한 맛을 내는 양념이 옥수수, 코코넛을 만나서 매콤하면서 고소한 부침이 되는데요, 이것을 식초가 들어간 소스에 찍어 먹으면 새콤하고 깔끔하게 맛을 마무리해줍니다. 이 옥수수 부침을 무척 좋아하던 인도네시아 친구는 집에서도 이것을 종종 해먹었어요. 저는 식초 소스를 곁들여서 먹었던 것에 비해, 친구는 매운 고추가 듬뿍 들어간 인도네시아의 소스인 삼발 *삼발 만드는 법 156페이지 참조*을 꼭 곁들여서 먹었어요. 그 매운 맛 또한 매력이 있답니다.

INGREDIENT 4인 기준

양파 다진 것 1/3컵, 마늘 다진것 1큰술, 생강 다진 것 1큰술,
홍고추 다진 것 1큰술, 볶은 땅콩 가루 2작은술, 큐민 씨 가루 1작은술,
식용유 1큰술, 소금 1/4작은술, 계란 3개, 말린 코코넛 채썬 것 3~4큰술,
파 줄기 흰색 부분 썬 것 2큰술, 옥수수알 2컵

METHOD

❶ 양파, 마늘, 생강, 홍고추 다진 것과 소금을 프라이팬에 기름을 약간 두른 후 볶아서 익혀준다.

❷ ❶에 땅콩 가루와 큐민 씨 가루를 넣고 더 볶아준 후 열을 식혀준다.

❸ 계란 푼 것에 코코넛 채썬 것과 파를 넣고 섞은 후 준비된 ❷의 양념을 넣고 섞어준다.

❹ ❸에 옥수수 알을 넣어준다.

❺ 프라이팬에 기름을 두르고 한 술씩 떠서 지져준다.

1. 레몬이나 라임 즙을 짜서 곁들여도 좋답니다.
2. 양념장은 간단하게 식초 1큰술, 물 1/3큰술, 고추 간 것 1작은술을 섞어서 만들면 깔끔한 맛을 낼 수 있어요.

2

새콤달콤하고 아삭한

망고 코코넛 라이스

태국에서 망고는 아주 쉽고 싸게 구할 수 있는 과일인데요, 망고와 코코넛이 들어간 찹쌀밥이 어우러져 만들어내는 이 망고 코코넛 라이스는 망고를 맛있게 먹는 방법 중 하나입니다. 이것은 태국인들에게 뿐만 아니라 외국인들에게도 아주 인기 있는 간식이에요. 단맛이 나는 망고를 사용해도 좋지만, 약간 시큼한 맛이 나는 망고를 사용해도 괜찮아요. 망고가 이렇게 밥과도 어울린다는 것이 신기하죠?

INGREDIENT 3인 기준

찹쌀 1컵, 코코넛 밀크 1컵 (200ml), 황설탕 2큰술, 소금 1/8작은술

코코넛 소스_ 코코넛 밀크 1컵 (200ml), 소금 1/4작은술, 찹쌀 전분 혹은 옥수수 전분 1/4작은술, 망고 1개

METHOD

❶ 찹쌀을 씻어서 4시간 정도 물에 불렸다가 물기를 제거한다. 이를 찜기에 넣고 김이 오르면 30분간 쪄준다.

❷ 코코넛 밀크에 황설탕 2큰술과 소금 1/8작은술을 넣고 잘 녹인 후 고슬고슬하게 찐 찹쌀밥과 섞어준다.

❸ 코코넛 밀크 1컵에 소금과 전분 녹인 물을 넣고 은근하게 끓여준다(2분 정도).

❹ 망고의 껍질을 벗기고 먹기 좋게 썰어준다.

❺ 코코넛 라이스와 망고를 함께 담고 코코넛 소스를 뿌려준다.

그들의 궁금한 Tip

찹쌀을 찔 때 찜기에 찹쌀을 담은 후 중간 부분의 찹쌀을 조금 파주면 수증기가 잘 퍼져서 골고루 잘 익어요.

그들의 궁금한 Tip

1. 튀긴 두부를 좀 더 바삭거리도록 오븐에 한 번 더 구워줘도 좋아요.
   그리고 가위로 막 잘라서 넣어줍니다.

2. 숙주는 끓는 소금물에 10초 정도만 데치고 바로 건져내세요. 아삭하도록!

3. 망고, 오이는 껍질 벗긴 후 손에 들고 칼로 막 잘라서 넣어요.

노점에서 먹는 묘한 매력의 과일 야채 샐러드

로작

싱가포르, 말레이시아의 거리음식인 로작은 망고와 같은 신선한 과일과 튀긴 두부, 아삭하게 데쳐진 야채를 양념에 버무린 달콤새콤 그리고 매콤한 샐러드입니다. 우리가 떡볶이를 길에서 꼬챙이로 찔러서 먹듯이 이 로작도 나무 꼬챙이로 찔러서 먹어요. 재료들을 그저 편하게 막 썰어서 담고, 먹을 때는 기분 좋게 콕콕 찔러서 먹습니다. 우리의 떡볶이만큼이나 먹어도 또 먹고 싶어지는 음식이에요. 저는 한국에서 구하기 쉬운 재료로 로작의 맛은 그대로 살리면서 한국인의 입맛에 맞게 만들어보았는데요, 제 친구들도 모두 좋아하는 레시피랍니다.

INGREDIENT 듬뿍 한 그릇 기준

숙주 데친 것 1움큼, 얼갈이 배춧잎 데친 것 1 움큼(옵션),
튀긴 두부 조각 1~2개, 망고 1/2~1개,
파인애플 썬 것 1움큼, 오이 썬 것 1움큼,
볶은 땅콩 부순 것 1움큼

소스 매실청(매실 소스) 2큰술, 홍고추 간 것 2작은술,
맑은 액젓(새우나 까나리 액젓 같은) 1큰술,
레몬주스 2큰술, 흑설탕 2큰술

METHOD

❶ 소스 재료를 섞어놓는다.

❷ 소스가 담긴 그릇에 바로 오이나 망고를 거칠게 칼로 자르듯이 넣어준다.

❸ 나머지 재료들을 넣고 섞어준다

❹ 땅콩 부순 것을 뿌리고 나무 꼬챙이를 함께 그릇에 담는다.

싱가포르 새우튀김
쿠쿠르 우당

말레이시아나 싱가포르 같은 지역에서 많이 만날 수 있는 새우튀김이에요. 싱가포르 하면 새우나 게 같은 해산물 요리가 유명하잖아요. 그 새우튀김에 칠리 소스를 찍어서 먹는 맛있는 거리음식이에요. 아주머니들이 국자에 담은 재료들을 튀겨내는 모습이 무척 신기합니다. 우리 주변에서 볼 수 있는 즉석 어묵이나 튀김만큼이나 인상적이고 맛이 좋답니다.

INGREDIENT 6개

밀가루 1컵, 베이킹 파우더 1/4작은술, 소금 1/2작은술,
강황 가루 1/8작은술(옵션), 물 3/4컵, 부추 1묶음(50원짜리 동전 지름 묶음),
홍고추 1개, 파 2줄기, 숙주 1움큼, 새우 중대 크기 12개, 식용유(튀김용)

METHOD

❶ 밀가루, 베이킹 파우더, 소금에 강황 가루가 있다면 약간 넣고 섞은 후 물을 부어 잘 섞어준다.

❷ 준비된 야채들을 작은 크기로 썰어서 ❶과 함께 섞어준다.

❸ 기름이 달궈지면(180℃) 국자를 먼저 기름에 넣었다가 빼낸다.

❹ 국자로 재료와 밀가루 반죽을 한 국자 담고 새우도 함께 담아준다

❺ 재료가 담긴 국자를 튀김 기름에 넣고 2~3분간 튀겨낸 후 칼을 이용해서 내용물을 떼낸다.

❻ 더 바삭한 튀김을 위해서 내용물만 한 번 더 튀겨낸다.

그들의 궁금한 Tip

1. 칠리 소스 *스위트 칠리 소스 만드는 법 157페이지 참조 *와 함께 먹으면 맛있어요.

2. 국자에 내용물을 담을 때 80~90%만 채워지도록 담아도 괜찮아요.

솔티드 레몬주스

기름진 음식을 개운하게 마무리, 하루도 개운하게 마무리

베트남 식당과 스낵바에서 항상 등장하는 이 레몬주스는 소금에 절인 레몬으로 만듭니다. 레몬을 절여서 한 달가량 잘 숙성시켜서 이용합니다. 이 레몬주스는 음식과 함께 먹으면 개운하고 소화가 잘 되지만, 오후에 한 잔 마시면 하루를 개운하게 마무리할 수 있습니다.

INGREDIENT

소금 절임 레몬_ 1000ml 병, 레몬 5개, 끓는 물 2컵, 절임용 굵은 소금 6큰술

레몬주스 1잔_ 500ml 유리잔, 절인 레몬 1/2개, 물200ml, 얼음, 설탕 2작은술(또는 꿀)

METHOD

소금 절임 레몬 만드는 방법

❶ 통 레몬과 반으로 자른 레몬들을 병에 가득 채워넣은 후 끓는 물에 소금을 녹여서 레몬이 담긴 병에 부어준다.

❷ 뚜껑을 닫은 후 한 달 정도 둔다.

METHOD

솔티드 레몬주스 만드는 방법

❶ 숙성된 레몬 1/2개를 숟가락이나 포크를 이용해서 잘 부숴준다.

❷ 레몬을 유리잔에 담고 얼음을 채워준다.

❸ ❷에 설탕이나 꿀을 녹인 물을 부어주면 완성!

1. 주스를 만들 때 취향에 따라서
   설탕을 더 넣어도 좋습니다.
2. 얼음 위에 민트 잎을 살짝 올려
   서 향을 더해도 좋아요.

인도네시아의 고소한 샐러드
가도가도

익힌 채소, 육류, 생야채 등의 재료를 고소하고 달콤매콤한 땅콩 소스와 함께 먹는 인도네시아의 샐러드입니다. 여기에 소개된 스타일은 인도네시아 친구의 가족들과 함께 자주 가던 인도네시아 식당의 스타일로 만들어보았어요. 원래는 삶은 달걀과 롱빈을 데쳐서 넣기도 하는데요, 우리 주변에서도 쉽게 구할 수 있는 브로콜리를 데쳐서 사용하였습니다. 저는 야채만 이용해서 채식주의 스타일로 만들어서 여기에 소개 해 드렸지만, 닭 가슴살을 넣어도 괜찮아요. 그리고 일반적으로 삶은 달걀이 가도가도 만드는 데 자주 사용됩니다.

INGREDIENT 2~3인 기준

중간 크기 감자 2개, 튀긴 두부 1움큼, 브로콜리 1움큼, 숙주 1움큼,
중간 크기 토마토 1개, 오이 작은 것 1개

소스_ 마늘 간 것 2작은술, 볶은 땅콩 간 것 100g,
코코넛 밀크 400ml, 붉은 고추 간 것 2큰술, 황설탕 2작은술,
액젓(혹은 트라시 또는 소금) 1/2작은술, 쌀가루 푼 물 2작은술

METHOD

❶ 감자는 삶아서 껍질을 벗기고 큼직하게 썰어준다. 튀긴 두부는 먹기 편한 크기로 썰어준다.

❷ 숙주와 브로콜리를 데쳐서 물기를 빼준다.

❸ 오이를 어슷하게 썰고 토마토도 먹기 편한 크기로 썰어준다.

❹ 준비된 소스 재료 중 마늘 간 것, 고추 간 것, 볶은 땅콩 간 것, 액젓을 프라이팬에서 살짝 볶다가 코코넛 밀크를 넣고 끓여준다.

❺ 소스의 양념이 코코넛 밀크와 어우러지면 쌀가루 푼 물을 넣어 걸쭉한 소스를 완성한다.

❻ 준비된 재료들과 소스를 함께 곁들여낸다.

그들의 궁금한 Tip

1. 소스를 그릇에 따로 담아내어 재료들을 찍어 먹어도 좋아요.
2. 인도네시아에서는 고추와 마늘 등의 재료로 만든 매콤한 삼발이 음식마다 곁들여지는데, 가도가도를 먹을 때도 함께 곁들여서 많이 먹어요. *삼발 만드는 법 156페이지 참조*.

닭꼬치 구이의 지존
사테

인도네시아와 말레이시아 등지의 인기 거리음식인 사테는 닭꼬치 구이로 먹기가 간편하고 맛 또한 좋아서 홈파티뿐 아니라 호텔의 연회에서도 만날 수 있는 인기 메뉴입니다. 사테와 함께 곁들여지는 땅콩 소스를 만들 때 피넛버터를 사용해서 편리하게 만들 수도 있는데, 저는 이 소스 먹을 때 땅콩이 가끔 씹히는 게 좋더라고요. 그래서 볶은 땅콩 간 것과 부순 것을 함께 사용하였어요. 이 땅콩 소스는 정말 맛이 좋아서 강력하게 추천하고 싶어요. 닭꼬치 구이, 사테의 맛은 두말할 필요가 없죠.

INGREDIENT 작은 꼬치 8~10개

나무 꼬치 10개, 닭살고기 300g, 적양파 1/4개, 마늘 1쪽, 강황 가루 1/2작은술,
큐민 씨 가루 1/2큰술, 소금 1작은술, 황설탕 1큰술, 후춧가루 약간

소스_ 마늘 다진 것 1작은술, 양파 다진 것 1작은술, 고운 고춧가루 1작은술,
볶은 땅콩 1컵(1/2은 가루로, 1/2은 부순 것으로 준비한다), 코코넛 밀크 1/2컵,
황설탕 1큰술, 레몬주스 1작은술, 소금 1/2작은술,

METHOD

❶ 적양파와 마늘을 분쇄기로 갈고 나머지 재료와 잘 섞어준 후
2~3cm 크기로 자른 닭고기와 잘 버무려서 하룻밤 정도 냉장고에
넣고 재어둔다.

❷ 마늘과 양파 다진 것, 고춧가루를 함께 프라이팬에 살짝 볶다가 땅
콩과 코코넛 밀크를 넣고 익혀준다.

❸ ❷가 걸쭉해지면 레몬주스에 황설탕과 소금을 녹여서 넣어 2분 정
도 은근하게 약불에서 익혀서 땅콩 소스를 완성한다.

❹ 준비된 닭고기를 꼬치에 꽂아서 프라이팬 혹은 그릴이나 직화로
구워낸다.

❺ 준비된 소스와 함께 내놓는다.

그들의 궁금한 Tip

1. 닭고기 양념을 버무릴 때 비닐봉지에 넣어서 작업하면 버무리기나 절이기에
   용이해요.

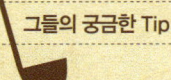

2. 오이나 파인애플, 적양파 같은 야채나 과일도 함께 꼬치에 꽂아서 닭고기 꼬
   치 구이와 내면 서로 어울리고 맛도 더 좋아요.

3. 나무 꼬치를 미리 물에 30분가량 담가뒀다가 사용하면 불에 타는 것을 방지
   할 수 있어요.

동양식 핑거푸드의 대명사
스프링롤

야채나 고기 등을 얇은 피에 싸서 튀겨낸 스프링롤은 손에 들고 먹기 편해서 핑거푸드로 인기가 좋아요. 태국에서는 다른 요리를 만들고 남은 재료를 채썰어서 만들기도 하며, 새콤달콤매콤한 칠리 소스에 찍어서 먹습니다. 채식주의자들이 늘어나고 있는 추세로 인해 야채로 속을 채운 스프링롤은 누구에게나 인기 있는 메뉴가 되었어요. 속 재료에 간을 할 때 태국 피쉬 소스를 주로 사용하는데요, 저는 한국의 맑은 장을 사용했어요(액젓을 사용해도 좋아요). 그리고 육류 대신 죽순이나 양배추 같은 야채를 사용해서 채식형 스프링롤을 만들었습니다. 원래는 녹두당면이 속 재료 중 하나로 들어가는데, 쉽게 구할 수 있는 고구마 당면을 사용했습니다. 물론 고기나 해물로 속을 채울 수도 있어요.

INGREDIENT 20개 기준

스프링롤 피 20장, 죽순 1움큼, 숙주 1움큼, 양배추 채썬 것 2컵,
당근 1/2개, 실파 2줄기, 다진 마늘 1/2작은술, 당면 30g,
국간장 1큰술, 설탕 1작은술, 후춧가루 약간, 식용유(튀김용),
칠리 소스 * 스위트 칠리 소스 만드는 법 157페이지 참조 *

METHOD

① 숙주는 2~3cm 길이로 잘라주고, 실파는 송송 작게 썰어준다. 그리고 죽순과 당근도 2~3cm 길이로 채썰어준다.

② 당면은 삶은 후 2~3cm 길이로 잘라주고 물기를 빼준다.

③ 다진 마늘과 간장, 설탕, 후춧가루를 야채와 당면과 함께 잘 버무려준다.

④ 스프링롤 피에 속 재료를 한 스푼 떠넣고 말아준다.

⑤ 달군 식용유(180℃)에 3~4분간 튀긴 후 키친페이퍼를 이용해 기름을 빼준다.

⑥ 칠리 소스와 곁들여낸다.

그들의 궁금한 Tip

속을 버무릴 때 계란 푼
것을 섞어줘도 되는데요,
채식주의자를 위한 것이
라면 생략해도 괜찮아요.

인도네시아 대표 거리음식
마르타박

인도네시아 노점에서는 얇은 피에 계란, 야채, 고기로 속을 채우고 튀기듯이 바로바로 구워내는 마르타박을 쉽게 만날 수가 있어요. 속의 내용물은 만드는 사람에 따라 조금씩 다르지만, 대체로 계란과 야채가 들어갑니다. 그 크기 또한 만드는 사람에 따라 달라집니다. 큰 것은 먹기 좋게 잘라서 먹습니다. 여기서는 집에서 만들 수 있는 형태로 만들어보았어요. 출출할 때 마르타박 하나면 거뜬해지죠. 마르타박만 먹기도 하지만 야채 피클을 함께 곁들여서 먹는 경우도 많아요.

INGREDIENT

피_ 밀가루 1컵, 소금 1/4작은술, 물 65㎖, 식용유 1큰술

속_ 고기 간 것 50g, 다진 마늘 1/2작은술, 양파 1/4개, 파 1줄기,
달걀 3개, 소금 1/4~1/2작은술, 후춧가루 약간, 설탕 약간, 고수풀(옵션),
지져낼 식용유

METHOD

❶ 밀가루에 소금을 섞은 후 물을 약간씩 넣어주면서 반죽을 해주고,
비닐에 싸서 30분에서 1시간 정도 둔다.

❷ 고기 간 것과 다진 마늘을 함께 프라이팬에 볶아서 식혀준다.

❸ 양파와 파를 다져서 계란 푼 것에 섞고 소금, 후추, 설탕도 넣어서
섞어준다. 고수풀 향이 괜찮다면 고수풀도 잘게 썰어서 함께 섞어
준다.

❹ 밀가루 반죽을 2등분이나 3등분으로 원하는 크기로 잘라서 동그랗
게 빚은 후 식용유를 약간씩 바르면서 손으로 펴준다.

❺ 반죽을 손으로 당겨주면서 쭉쭉 늘려 얇게 만들어준다.

❻ 프라이팬에 기름을 약간 두르고 반죽 늘린 것을 펼쳐놓고 속 재료
를 위에 얹는다. 그리고 피를 접어서 감싼 후 앞뒤로 지져낸다.

그들의 궁금한 Tip

마르타박 먹을 때 소스 겸 함께 먹을 수 있는 피클 만드는 법

식초 3큰술, 설탕 1큰술을 물 1/4컵에 넣고 녹여서 오이 1개,

당근 1개, 적양파 1개, 홍고추 1개와 섞어서 만듭니다.

비오는 날 오후에는 따뜻하게
더운 오후에는 시원하게 먹는

귀나탕

그들의 궁금한 Tip

1. 찹쌀 경단을 '비로비로'라고 부르는데요, 빚을 때 뜨거운 물을 섞어서 빚어주면 좀 더 매끈하고 찰지게 빚을 수 있습니다.

2. 익지 않은 푸른 바나나를 이용한다면 고구마와 함께 넣고 익혀줍니다.

3. 사고나 타피오카 펄 없이 만들어도 괜찮아요.

4. 사고(또는 타피오카 펄)를 물에 넣고 끓일 때 바닥에 눌어 붙지 않도록 한 번씩 저어주면서 약한 불에서 끓여줍니다.

이것이 '사고'예요.
물에 넣고 삶으면
두 배로 커지면서
투명해집니다.

필리핀의 음식 귀나탕은 코코넛에 재료들이 요리된 것을 의미 하는데요. 타로, 고구마나 카사바 같은 뿌리채소들이 이용되기도 하고 플랜테인이나 푸른 바나나 등 열대과일과 채소들이 코코넛과 함께 이용되기도 합니다. 귀나탕은 필리핀에서 인기 있는 음식이 되었지만, 사실 코코넛과 바나나가 풍부한 지역의 원주민들이 곧잘 해먹는 음식입니다. 여름철 비오는 날 귀나탕을 따뜻하게 만들어서 먹으면 몸도 훈훈해지고 마음도 훈훈해집니다. 시원하게 냉장고에 넣어뒀다가 먹는 귀나탕은 더운 오후의 별미이기도 하구요. 간단하게 몇 개의 재료만을 이용하여 코코넛과 함께 만들 수도 있습니다. 여기에 소개된 것처럼 땅콩이나 찹쌀 경단 그리고 사고나 타피오카 펄을 넣어서 만들 수도 있고요. 이렇게 여러 가지 과일과 야채 등의 재료를 섞어서 코코넛과 함께 요리하는 것을 '귀나탕 하로하로'라고도 하지만, 그냥 '귀나탕'이라고 말하면 통합니다.

INGREDIENT

사고 또는 타피오카 펄 1컵, 찹쌀 가루 1컵, 소금 1/8작은술, 코코넛 밀크 400ml, 고구마 2~3개, 생땅콩(혹은 다른 종류의 생콩) 1/2컵, 바나나 3개, 황설탕 3/4컵, 소금 1/8작은술

METHOD

사고(또는 타피오카 펄) 준비
사고(또는 타피오카 펄)를 냄비에 넣고 물을 부어 약한 불에서 투명해질 때까지 끓여준다. 다 끓으면 체에 받쳐서 물을 빼주고 찬물에 식혀준다.

찹쌀 경단 준비
찹쌀 가루에 소금과 물을 섞어 반죽을 쫄깃하게 만들고 50원 동전 지름 정도로 경단을 빚어준다.

❶ 물 2컵을 넉넉한 냄비에 넣고 끓이다 준비한 코코넛 밀크 1/3의 분량을 넣고 끓인다.

❷ 끓고 있는 ❶에 먹기 좋은 크기로 썬 고구마와 땅콩을 넣고 끓여준다.

❸ 나머지 코코넛 밀크와 설탕, 소금을 넣어준 후 준비한 찹쌀 경단을 넣고 7분 정도 끓여준다.

❹ 준비한 사고(또는 타피오카 펄)와 먹기 좋은 크기로 썬 바나나를 넣고 1분 정도 더 끓여준다.

고구마와 비슷한 카사바로 만든
카사바 케이크

카사바는 남아시아나 중남미 등지에서 많이 먹는 뿌리야채입니다. 이것은 고구마와 비슷한 맛과 질감을 가지고 있는데요, 이 카사바를 갈아서 만든 케이크는 매우 인기 있는 필리핀의 간식거리이자, 디저트예요. 쫀득쫀득 하지만 우리의 떡보다는 부드러워요. 구운 케이크에 코코넛과 함께 살짝 바닐라 향을 곁들인 토핑 소스를 바르고 한 번 더 구워주면 매력적인 풍미와 질감의 케이크가 완성됩니다. 모임이나 파티에 들고 가면 인기랍니다.

INGREDIENT

케이크 부분_ 카사바 700g, 코코넛 밀크 400㎖, 우유 200㎖,
황설탕 1/2~1컵, 버터 약간

토핑 부분_ 코코넛 밀크 400㎖, 설탕 4큰술, 소금 1/8작은술

METHOD

❶ 카사바를 분쇄기로 갈아서 코코넛 밀크, 우유, 설탕과 잘 섞어준다.

❷ 베이킹 틀에 버터를 발라주고 준비된 ❶을 담아서 180℃로 예열된
오븐에 70분간 구워준다.

❸ 케이크가 구워지는 동안 토핑 소스 재료를 냄비에 담고 은근하게
익히면서 걸쭉하게(마치 가당연유의 걸쭉함이나 끈기 있는 물엿의 점성
으로) 만들어준다.

❹ 구워진 케이크를 오븐에서 꺼내고 준비된 토핑 소스를 케이크 표
면에 골고루 바른 후 다시 180℃의 오븐에 넣고 10~15분간 더 구
워준다.

그들의 궁금한 Tip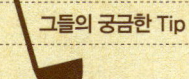

1. 한국에서 카사바는 주로 뿌리째 냉동된 것을 구입할 수도 있고,
갈아서 팩에 담긴 냉동 제품을 구입할 수도 있습니다.

2. 고구마를 카사바 대신해서 사용해도 괜찮아요, 물론 그때는 카
사바 케이크가 아니라 고구마 케이크가 되겠네요.

3. 케이크를 구울 때 처음에는 표면이 거칠게 변하다가 다 익으면
평평해집니다. 그러니 놀라지 마세요.

4. 토핑할 소스를 만드는 도중 끈기가 생길 때 거품기를 이용해서
저으면서 열을 가해주면 눌지 않도록 신속하면서도 걸쭉하게 만
들 수 있습니다.

5. 토핑 소스 만들 때 약간의 바닐라 에센스를 넣어주면 향긋함을
더해줄 수 있어요.

Europe Malta France MALTA the Le

the Middle East Afghanistan Italy Latin America

Switzerland Nepal Cuba the Caribbean

Afghanistan Central and South America Ita

Arabia Vietnam the Middle East India the Cari

Italy Italy Italy Switzerland Braz

Germany Cuba the Philippines Malaysia Switzerland Chil

Singapore Thailand Turkey

Morocco the Philippines SPAIN South Asia UK

and South America Morocco

Switzerland India Europe Italy Europe Indi

Afghanistan North Africa Indonesia MALTA Sing

India the Middle East Afghanistan North A

Ecuador

France Lebanon the Mediterranean Thailand the Le

the Middle East Croatia Ecua

Singapore Argentina Latin America

Switzerland the Maya

Central and South America Argentina Mexico

MALTA Afghanistan Nepal Franc

Europe Morocco the M

teaming tea South Asia Vietnam Switze

pain Italy Afghanistan the Middle East

Afghanistan franc the

궁·금·한·세·계·의·군·것·질

PART 04

중남미

또르띠아 수프 • 타말리 • 바닐라 호박 푸딩 • 멕시칸 핫 초콜릿 • 엠파나다 • 구아
카몰레 & 토마토 살사 • 바나나 구이 • 초리죠 에그 스크램블 • 콘 수프레 • 오르차
따 • 캐리비언 고구마 가지 롤 • 마카로니 치즈 파이 • 시금치 플랜테인 말이 • 타피
오카 푸딩

CENTRAL AND SOUTH AMERICA

시원하게 맛있는
또르띠아 수프

멕시코에서는 옥수수 가루나 밀가루로 만든 또르띠아를 이용해서 요리를 만들거나 다양한 요리와 함께 먹는데요. 여기에 소개하는 것처럼 수프에도 또르띠아를 넣어서 먹습니다. 재료로 사용되는 야채와 마른 고추를 구워서 만들기 때문에 훈제 향이 매력적인 수프예요. 게다가 먹기 전에 바로 넣어주는 바삭거리는 또르띠아, 고소한 아보카도, 치즈, 잘게 썬 적양파 그리고 라임주스는 수프에 신선한 맛을 더해줍니다.

INGREDIENT 3인 기준

완숙된 토마토 2개, 양파 1/4개, 마늘 1쪽, 마른고추 2개, 물 750ml,
식용유 약간, 소금, 후춧가루, 또르띠아 4~5장, 적양파 1/4개,
페타 치즈 60g, 아보카도 1개, 레몬 또는 라임 1~2개

METHOD

❶ 토마토, 양파, 마늘을 그릴이나 프라이팬에 구워준다.

❷ 마른 고추는 직화로 구워준다.

❸ 구운 고추를 뜨거운 물에 담가 부드럽게 만들어준 후 씨와 꼭지를
제거한다.

❹ 준비된 ❶과 ❸의 재료들을 믹서기에 갈아준 후(물을 약간 섞어서
갈아줘도 좋다) 기름을 아주 약간 두른 냄비에 갈아진 재료들을 중
강불에서 볶다가 나머지 물을 넣고 15분간 끓여준다. 그리고 소금
1/2~1작은술과 후춧가루로 간을 해준다.

❺ 또르띠아를 5~7mm 넓이로 썰어준 후 프라이팬에 약간의 기름을
두르고 지져준다. 키친페이퍼를 이용해 기름을 제거한다.

❻ 준비된 또르띠아의 반을 수프에 넣어준다.

❼ 그릇에 수프를 담고, 먹기 좋은 크기로 썬 적양파, 페타 치즈, 아보
카도와 또르띠아를 넣고 라임이나 레몬즙을 뿌려서 먹는다.

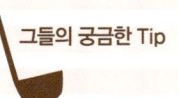 그들의 궁금한 Tip

1. 수프를 낼 때 적양파, 페타 치즈, 아보카도 그리고 라임 혹은 레몬 조각을
함께 내어서 취향에 따라 넣어 먹도록 합니다.

2. 크림도 내어서 취향에 따라서 함께 먹을 수 있도록 합니다.

아즈텍, 마야 후예들이 전해주는 옥수수 쌈

타말리

옥수수 가루를 반죽한 것과 원하는 속 재료를 옥수수 껍질에 싸서 쪄낸 타말리는 멕시코를 포함한 중남미의 대표적인 파티음식이자, 거리음식이기도 합니다. 이것은 원래 오랜 세월을 거슬러 올라가 아메리카의 옛 문명인 아즈텍이나 마야의 사람들이 들고 다니기 쉽도록 만든 음식이었어요. 특히 멕시코의 페스티벌 음식 하면 이 티말리가 빠질 수 없어요. 멕시코인의 명절이나 생일, 결혼식 파티에 가면 어김없이 만날 수 있고요. 이 옥수수 쌈의 속 재료는 만드는 사람에 따라서 다르게 채워지기도 하는데, 속 없이 옥수수 반죽만 쪄내어서 구수한 빵처럼 먹기도 합니다. 저는 우리에게 친숙한 고추장 불고기를 넣어서 한국식 타말리를 만들어보았는데, 외국인 친구들에게도 인기 만점이랍니다.

INGREDIENT 4인 기준 12개 정도

옥수수 껍질 12장, 옥수수 알 1/2컵, 다진 돼지고기 안심 100g,
마늘 다진 것 2~3 작은술, 고추장 1큰술, 쇼트닝 또는 마가린 6큰술,
옥수수 가루 2컵, 베이킹 파우더 1작은술, 소금 1½작은술,
따뜻한 물 300ml

METHOD

❶ 옥수수 껍질을 뜨거운 물에 담가서 부드럽게 만들어준다.

❷ 다진 고기와 마늘을 볶아서 익힌 후 고추장을 섞어 약간 더 볶아서 담아놓고, 옥수수 알도 담아서 속 재료를 준비해놓는다.

❸ 쇼트닝 또는 마가린을 부드럽게 풀어준 것에 옥수수 가루와 베이킹 파우더, 소금을 잘 섞은 후 따뜻한 물을 넣고 잘 치대어준다.

❹ 물기를 제거한 옥수수 껍질에 ❸과 ❷를 넣고 싸준다.

❺ 찜기에 물을 넣고 면보를 깐 후, 티말리들을 넣고 45분에서 1시간 정도 쪄준다.

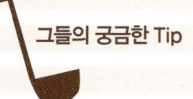 그들의 궁금한 Tip

1. 쇼트닝이나 마가린이 없다면 식용유를 대신 사용할 수 있어요.

2. 더 풍부한 맛을 내기 위해서는 물 대신에 맑은 육수를 사용해보세요.

3. 잘 치댄 속은 찬물을 담은 컵에 떨어뜨려 보면 둥둥 떠오른답니다.

4. 찜기에 타말리들을 넣은 후 면보로 뚜껑을 싸서 덮어주세요.

5. 옥수수 껍질이 없을 경우 쿠킹용 호일을 대신 사용할 수 있어요.

5

바닐라 호박 푸딩

바닐라의 천국에서 맛보는 소박한

바닐라의 산지인 멕시코는 바닐라 페스티벌이 열릴 정도로 바닐라가 많은 사랑 받고 있어요. 바닐라 빈뿐만 아니라 바닐라로 만든 제품들도 생산되는데요, 품질이 좋은 바닐라를 이용해 만든 음식도 인기입니다. 특히 멕시코 친구가 만들어준 우리 국그릇보다도 더 큰 그릇에 만들어내어서 한가족이 먹어도 될 만한 풍부한 바닐라 크림 푸딩은 맛도 좋지만, 기존에 가지고 있던 푸딩의 형식을 깬 어머니의 넉넉한 손맛을 느낄 수 있어서 감동이었어요. 이것을 보고 있던 브라질 친구가 그들 식으로 바닐라를 이용해서 만든 호박 푸딩이라면서 바닐라 호박 푸딩을 만들어주었는데, 여기에서 소개하는 바닐라와 호박을 이용한 푸딩은 바닐라 향이 풍부한 그리고 시골의 맛을 느낄 수 있는 소박한 푸딩이랍니다. 기분이 우울한 오후에 먹으면 천국으로 들어가는 느낌을 받을 수 있을 거예요.

INGREDIENT 4인 기준

단호박 씨와 껍질을 제거한 속살 250g, 우유 250ml, 바닐라 빈 1개, 계피 가루 1/2작은술, 클로브 2~3개, 계란 2개, 계란 노른자 2개, 황설탕 4큰술

METHOD

❶ 호박 속살을 삶아서 물기를 빼고 잘게 부숴놓는다.

❷ 우유에 바닐라 빈, 계피 가루, 클로브를 넣고 약한 불에서 뭉근하게 끓여준다.

❸ 계란에 황설탕을 넣고 잘 풀어준 후 ❷와 섞어준다.

❹ ❸을 체에 거른 후 호박과 잘 섞어서 부드럽게 풀어놓는다.

❺ ❹를 내열 그릇이나 틀에 담아 베이킹 팬에 넣은 후 뜨거운 물을 베이킹 팬의 반 정도 채우고, 150℃로 예열된 오븐에서 40~60분간 익혀준다.

그들의 궁금한 Tip

1. 바닐라 빈을 길게 갈라서 속에 든 알갱이들을 긁어내고 그 알갱이들과 빈을 통째로 우유에 넣어 조리합니다. 바닐라 빈은 고가이기 때문에 바닐라 빈 대신에 바닐라 에센스를 사용해도 괜찮아요.

2. 바닐라, 계피 가루, 클로브 우려낸 우유, 계란 푼 것을 섞어준 후 체로 걸러 부숴놓은 호박과 함께 믹서기에 넣고 갈아주면 좀 더 부드러운 질감의 푸딩이 됩니다.

3. 오븐에서 구워낼 때 이쑤시개로 푸딩을 찔러봐서 아무것도 묻어나오지 않으면 잘 익은 것입니다.

4. 코코넛 밀크를 우유 대신에 사용하면 또 다른 매력적인 푸딩이 됩니다.

매콤해서 핫, 맛있게 핫! 마음과 몸의 감기도 낫는다

멕시칸 핫 초콜릿

 스파이시한 멕시칸 핫 초콜릿은 향신료들이 함께 결합되어서 만들어지는데요, 그것들이 혼합된 시제품이 있어서 우유에 녹여서 먹기도 합니다. 그러나 각 향신료를 즉석에서 넣고 만들면 신선하고 몸에도 좋으면서 이색적인 멕시코의 맛을 느껴볼 수 있답니다.

INGREDIENT 1인 기준

우유 250ml, 계피 가루 1/2작은술, 아몬드 가루 1큰술,
클로브 가루 1/4작은술, 고운 고춧가루 1/4작은술, 카카오 가루 1큰술,
설탕 2~3작은술(취향에 따라)

METHOD

❶ 원하는 재료를 준비해놓는다.

❷ 냄비에 우유, 계피 가루와 클로브 가루를 넣고 중불에서 뭉근하게 끓이다가 아몬드 가루와 카카오 가루, 고춧가루를 넣고 섞어준다.

❸ 설탕과 함께 내면 완성!

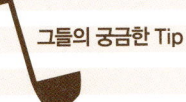
그들의 궁금한 Tip

100% 카카오 가루가 아닌 인스턴트 코코아 가루를 사용하면 간편하게 만들 수 있어요. 이때 설탕 양은 조절해야겠지요?

아르헨티나 스타일로 만드는 파이
엠파나다

아르헨티나뿐 아니라, 칠레와 에콰도르 등의 남미에서 먹는 파이예요. 이것은 스페인이나 포르투갈 등 유럽의 영향을 받은 음식 중 하나이지요. 모양도 크기도 지역마다 만드는 사람마다 다르지만 일반적으로 고기, 올리브, 삶은 계란이 속으로 들어가는 경우가 많아요. 노점에서도 사먹을 수 있지만, 집에서도 만들어 먹는 간식이에요. 커다란 엠파나다 하나라면 한 끼 식사로도 든든하답니다.

INGREDIENT 4~5개 기준

피_ 밀가루 200g, 베이킹 파우더 3/4작은술, 소금 3/4작은술,
녹인 버터 70g, 계란 1개, 물 1~2큰술

속_ 양파 1/2개, 파 2~3개, 고운 고춧가루 1/2작은술,
소고기 간 것 350g, 물 80ml, 파프리카 가루 1/2작은술, 설탕 1큰술,
소금 1/2작은술, 후추와 계피 가루 약간, 올리브 썬 것 1/4컵,
건포도 1/4컵, 계란 삶은 것 2개, 큐민 씨 가루 약간

METHOD

❶ 밀가루와 베이킹 파우더, 소금을 녹인 버터와 섞어주고 거기에 약
간의 물과 계란을 섞어서 반죽을 한 후 비닐에 싸둔다.

❷ 프라이팬에 식용유를 약간 두르고 잘게 썬 양파와 파를 넣고 볶다
가 투명하게 익으면 고춧가루, 소고기를 넣고 볶는다. 그리고 약간
의 물을 부어 익혀준다.

❸ ❷의 고기에 설탕과 소금, 후춧가루와 계피 가루를 약간 넣고 남은
물에 파프리카 가루를 풀어서 넣은 후 약불에서 은근하게 익히면
서 조려준다.

❹ 반죽을 탁구공 크기 정도로 떼어낸 후 밀대로 동그랗게 밀어준다
(10~15cm 지름, 2~3mm 두께). 그 위에 고기 속과 올리브, 건포도
그리고 삶은 계란 썬 것을 넣고 큐민 씨 가루를 살짝 뿌려준다.

❺ 속을 채운 피의 가장자리를 접어서 붙여준다.

❻ 엠파나다의 표면에 버터 녹인 것을 발라준 후 200℃로 예열된 오
븐에서 구워준다.

그들의 궁금한 Tip

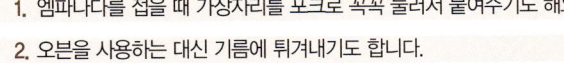

1. 엠파나다를 접을 때 가장자리를 포크로 꼭꼭 눌러서 붙여주기도 해요.
2. 오븐을 사용하는 대신 기름에 튀겨내기도 합니다.
3. 포크로 빚어진 피의 몇 군데를 찔러주면 모양이 틀어지는 것을 방지할 수 있어요.
4. 엠파나다는 차나 음료뿐 아니라 술과 곁들여도 좋아요.
5. 파프리카 가루가 없다면 고운 고춧가루로 대체하세요.
6. 물 대신에 육수를 이용하면 깊은 맛을 낼 수 있어요.

고소하고 매콤새콤상큼한 멕시칸 타임

구아카몰레 & 토마토 살사

그들의 궁금한 Tip

1. **아보카도 껍질과 씨 제거법**

   칼을 이용해서 반으로 가른 아보카도에서 씨를 제거한 후 스푼을 이용해 간단하게 살을 빼낼 수 있어요. 껍질을 벗긴다고 껍질을 깎아내지 않도록 조심!

2. **구아카몰레 푸른색 유지법**

   만들어진 구아카몰레에 아보카도 씨를 박아놓으면 푸른색을 유지시키는 데 도움이 되요. 냉장고에 넣기보다는 실온에 두는 것이 좋아요. 물론 구아카몰레를 만든 즉석에서 먹는 것이 가장 신선하게 먹는 방법입니다.

우리가 일반적으로 멕시코의 소스라고 하면 칠리로 만든 매운 맛을 떠올릴 때가 많은데요, 멕시코가 원산지인 과일, 고소하고 부드러운 맛의 아보카도로 만드는 구아카몰레 또한 멕시코를 대표하는 소스라고 할 수 있어요. 아보카도와 칠리, 토마토 등의 맛이 어우러져 고소하면서도 매콤하고 새콤하며, 적양파와 라임주스를 넣어 맛을 상큼하게 만들어 식욕을 돋우어줍니다. 토마토로 만든 토마토 살사와 함께 간식으로 많이 먹고요, 다른 요리에 곁들여서도 먹는 인기 음식입니다. 간편하게 나쵸와 함께 곁들이는 것만으로도 특별한 간식이 되며, 안주로도 좋아요.

INGREDIENT 4인분 기준

구아카몰레_ 아보카도 2개, 풋고추 1개, 잘게 썬 고수풀(혹은 파슬리 잎) 1큰술, 적양파 작은 것 1/2개, 토마토 1개, 라임주스 2큰술, 소금 1작은술

토마토 살사_ 토마토 2개, 풋고추 3개, 작게 썬 고수풀(혹은 파슬리 잎) 3큰술, 적양파 작은 것 1/2개, 소금 1작은술

METHOD

구아카몰레 만드는 방법

❶ 껍질과 씨를 제거한 아보카도는 포크를 이용해서 부숴준다.

❷ 씨를 제거한 작게 썬 풋고추, 고수, 적양파를 먼저 첨가하고 아보카도와 잘 섞어준다.

❸ ❷에 작게 썬 토마토, 라임주스, 소금을 넣고 토마토가 부서지지 않도록 살짝 섞어준다.

METHOD

토마토 살사 만드는 방법

❶ 토마토의 씨를 제거한 후 작은 크기로 썰어놓는다.

❷ 씨를 제거한 고추와 고수풀도 작은 크기로 썰어서 토마토가 담긴 그릇에 넣어준다.

❸ 적양파 또한 작게 썰어서 소금과 함께 넣어주고, 전체 재료들이 으깨지지 않고 신선하게 유지되도록 조심스럽게 섞어준다.

나쵸랑 잘 어울려요~

열대의 맛
바나나 구이

익지 않은 푸른 껍질의 바나나 혹은 플랜테인을 구워먹거나 튀겨 먹는 것이 동남아시아나 중남미에서는 일반화되어 있어요. 여기에서 소개하는 바나나 구이도 무척 간단하게 먹을 수 있는 영양 간식이에요. 달달하고 담백한 바나나와 새콤한 레몬 맛이 잘 어울린답니다.

INGREDIENT 4인 기준

바나나 4개, 레몬 1개, 식용유 1큰술

METHOD

❶ 바나나를 납작하게 썰어서 레몬즙과 레몬 제스트 *레몬 제스트 만드는 법 150페이지 참조*에 절여준다.

❷ 절여진 바나나를 그릴이나 프라이팬에 구워준다.

❸ 먹기 전에 레몬 제스트와 레몬을 약간 더 뿌려준다.

그들의 궁금한 Tip   바나나를 좀 더 바삭하게 구워주기 위해서 옥수수 전분이나 밀가루를 발라서 구워도 좋아요.

매콤한 초리죠 소시지와 부드러운 달걀의 조화

초리죠 에그 스크램블

초리죠는 원래는 스페인이나 포르투갈에서 많이 먹는 파프리카, 칠리 같은 향신료가 들어가서 맵고 강한 맛을 가지는 소시지인데, 이 초리죠를 이용해서 달걀과 함께 스크램블을 만든 쵸리조 에그 스크램블이에요. 멕시코에서는 아침식사로 많이 먹기도 하고 간식으로도 인기가 좋아요. 매운 멕시칸 초리죠와 달걀의 부드러운 맛이 조화를 이룹니다.

INGREDIENT 1인 기준

소시지(가능하다면 초리죠) 50g, 계란 2개, 소금 1/4작은술,
파프리카 가루 약간, 후춧가루 약간

METHOD

❶ 계란에 소금을 넣고 풀어준 후 파프리카 가루를 약간 넣어서 섞어준다.

❷ 소시지를 도톰하게 썰어준다.

❸ 프라이팬에 약간의 기름을 두르고 소시지를 구워주고 파프리카 가루를 약간 뿌려준다.

❹ 계란 푼 것을 소시지가 담긴 프라이팬에 넣고 약불로 낮춘 후 포크나 젓가락으로 저어준다.

❺ 그릇에 담고 먹기 전에 후춧가루를 약간 뿌려준다.

그들의 궁금한 Tip

1. 시중에 판매되는 소시지 중 파프리카와 고추가 들어간 매콤함 소시지를 이용하면 우리 입맛에 맞고 좋습니다.

2. 샐러드나 식빵과 함께 곁들여서 먹으면 든든한 간식이 됩니다.

작은 그릇에 나눠 담아도 되지만 큰 그릇에 담아 구워내어 친구, 가족들과 함께 나눠 먹는 것도 정겹답니다.

도도한 수프레보다 소박한 매력이 있는
콘 수프레

'수프레' 하면 프랑스의 대표적 디저트나 간식 중 하나로 가볍고 부드럽게 부풀어 오른 프랑스식 수프레를 떠올리는 경우가 많을 거예요. 라틴 아메리카에서 인기가 좋은 이 옥수수가 들어간 수프레는 프랑스의 것보다 소박하고 묵직해 보이지만, 맛은 부드럽고 담백합니다. 속에 단호박과 고구마가 들어가서 몸에도 좋고요. 콘 수프레는 작고 앙증맞은 그릇에 담기보다는 넉넉한 큰 그릇에 담아 오븐에서 구워내는 게 어울리는데, 가족이나 친구들과 함께 나누어 먹으면서 정을 나눌 수 있답니다.

INGREDIENT 6인 기준

버터 75g, 고구마 껍질 벗긴 것 300g, 단호박 씨 빼고 껍질 벗긴 것 300g, 옥수수 알 300g, 파 1줄기, 체다 치즈 간 것 150g, 계란 6개, 소금 1/8작은술, 후춧가루 약간

METHOD

① 고구마와 단호박을 1~1.5cm 정도 크기로 깍둑썰기 해서 쪄낸다.

② 수프레 담을 그릇 안쪽에 버터를 발라준다.

③ 옥수수와 파를 분쇄기로 갈아준다.

④ 프라이팬에 버터, 옥수수 간 것과 파를 넣고 1~2분간 볶아주다가 치즈 간 것을 넣고 함께 익혀준다.

⑤ 치즈를 녹이다가 소금과 후춧가루로 간을 해주고, 치즈가 다 익으면 불을 끈다.

⑥ 준비된 계란중 3개의 흰자와 노른자를 분리한 후 그 노른자 3개와 나머지 계란 3개를 고구마, 단호박 찐 것과 골고루 섞어준다.

⑦ ⑥을 옥수수와 치즈 녹인 것이 담긴 프라이팬에 넣어서 섞어준다.

⑧ 분리해놓은 계란 흰자를 거품기로 휘저어서 흰 거품이 그릇에서 흘러내리지 않을 정도로 하이피크로 만들어준다.

⑨ 나머지 재료 섞어놓은 것과 흰 거품을 재빠르게 잘 섞어준다.

⑩ 준비해둔 틀 용기에 담아서 200℃로 예열된 오븐에 넣고 35~40분 정도 구워낸다(큰 용기를 사용하였다면 좀 더 구워줘도 좋다).

그들의 궁금한 Tip

1. 옥수수 통조림을 사용할 경우 물기를 제거해줍니다.

2. 거품의 일부를 다른 재료가 담긴 것에 섞어주다가 흰 거품이 담긴 그릇으로 옮겨서 신속하게 섞어주면 섞기가 좀 더 원활합니다.

3. 오븐은 예열을 반드시 미리 해두어야 합니다. 그릇에 내용물을 담자마자 바로 오븐으로 넣고 구워야 하니까요.

쿠바 스타일로 만드는
오르차따

오르차따는 원래 스페인에서 전해진 것으로 멕시코와 중남미 여러 나라에서 마시는 음료예요. 스페인이나 멕시코, 콰테말라 같은 곳에서는 쌀과 아몬드로 만들어 먹는 경우가 많은데요, 쿠바에서는 캐슈넛을 사용합니다. 멕시코 스타일보다 쿠바 스타일이 훨씬 맛이 좋아서 쿠바 스타일 오르차따를 소개해드리려고 해요. 출출할 때 속도 채우고 건강에도 좋은 음료이죠. 특히 채식주의 친구들이나 건강관리에 관심이 많은 친구들이 이 음료를 좋아해서 그들과 함께하는 파티에 준비하면 인기 만점이랍니다.

INGREDIENT 2인 기준

캐슈넛 200g, 계피 가루 1/8작은술, 설탕 3큰술, 뜨거운 물 450ml, 얼음

METHOD

❶ 뜨거운 물에 데쳐낸 캐슈넛을 분쇄기나 푸드 프로세서에 넣고 갈아준다.

❷ ❶에 계피 가루, 설탕 그리고 뜨거운 물을 넣고 더 갈아준다.

❸ 병에 담은 오르차따를 냉장고에 넣어서 시원하게 만들어준다. 먹기 하루 전날 만들어놓으면 좋다.

❹ 가라앉은 것을 잘 저어서 섞어준 후 잔에 얼음과 함께 담아낸다.

❶ ❷ ❸ ❹

그들의 궁금한 Tip　좀 더 부드러운 오르차따를 원한다면 체와 면보에 걸러내어도 좋아요. 저는 개인적으로 그냥 마시는 것을 더 좋아해요.

출출해져 돌아온 집에서도, 파티 장소에서도 맛 좋은

캐리비언 고구마 가지 롤

해변에서 친구들과 즐기다가 친구의 집으로 갔을 때, 친구의 어머니께서 이 고구마 가지 롤을 만들어놓고 기다리고 계셨었어요. 카리브해의 섬이 그녀의 고향이어서, 캐리비언 스타일의 고구마 가지 롤을 만들어주셨어요. 손으로 들고 먹기에 편한 이 롤은 달콤하면서도 매콤해서 먹고 또 먹으며 맛이 좋다고 감탄했었죠. 주변에서 쉽게 구할 수 있는 재료들을 이용해 캐리비언 롤을 만들어볼까요?

INGREDIENT 4인 기준

고구마 중간 크기 2개, 파 1/2줄기, 홍고추 1개, 청고추 1개, 마늘 간 것 1작은술, 가지 큰 것 2개, 밀가루 2큰술, 식용유 약간, 소금, 후춧가루

METHOD

❶ 가지를 길고 납작하게 썰어서 밀가루를 바른 후 프라이팬에 구워 낸다.

❷ 고구마를 찐 후 으깨어준다.

❸ 파와 고추를 잘게 썰어주고 마늘 간 것과 고구마 으깬 것에 함께 섞어준다. 소금과 후춧가루로 간을 해준다.

❹ 구운 가지에 ❸을 한 스푼 떠서 놓고 말아준다.

그들의 궁금한 Tip

고구마 속을 만들 때 치즈를 함께 넣어주면 더 맛있어요. 치즈를 작게 썰어서 다른 재료와 함께 섞은 것을 가지로 말아줍니다. 그리고 베이킹 팬에 토마토를 납작하게 썰어놓고, 고구마 가지 롤을 그 위에 얹은 후 쿠킹 호일을 덮어 오븐에 구워냅니다.

카리브해 섬의 인기 파이

마카로니 치즈 파이

고구마 가지 롤을 만들어주셨던 친구 어머니의 또 다른 선물인 마카로니 치즈 파이 예요. 파스타의 일종인 우리에게도 널리 알려진 마카로니를 옥수수와 토마토 양념 된 것, 크림 소스와 함께 베이킹 팬에 담고 치즈를 뿌린 후 오븐에서 구워냅니다. 파스타를 좋아하는 분이라면 이 마카로니 치즈 파이를 무척 좋아할 거예요. 옥수수와 마카로니, 치즈가 어울려 고소한 맛이 별미예요. 파슬리를 솔솔 뿌려서 먹으면 맛의 균형을 잡아 줄 수 있답니다.

INGREDIENT 6인 기준

마카로니 2컵, 버터 3큰술, 밀가루 3큰술, 우유 2컵, 계피 가루 1/2작은술, 체다 치즈 간 것 180g, 계란 1개, 파 1줄기, 통조림 토마토 4큰술, 옥수수 알 2/3컵, 소금 1/2작은술, 후춧가루 약간, 버터 약간

METHOD

❶ 마카로니를 끓는 소금물에 넣고 10분간 삶아 건져낸 후 찬물에 헹궈서 물기를 제거한다.

❷ 중불에 놓은 냄비에 버터를 넣고 녹이다가 밀가루를 넣고 함께 1분 정도 함께 익힌다. 거기에 우유를 넣고 5~10간 뭉근하게 끓이다 가 계피 가루와 준비된 치즈 2/3의 분량을 넣어서 녹여준다. 그리 고 소금과 후춧가루도 넣어준다. 치즈가 녹으면 계란을 풀어서 넣 어 섞어준다.

❸ 프라이팬에 약간의 버터를 두르고 파를 송송 썰어 넣고 볶다가 옥수수와 토마토를 넣고 함께 볶아준 후 소금과 후춧가루를 넣어 준다.

❹ 베이킹 틀에 마카로니 1/2의 분량과 ❷의 소스 1/2의 분량을 섞은 후 잘 펴서 담아준다.

❺ ❹의 윗면에 ❸의 1/2의 분량을 펴 담는다.

❻ 남은 ❷의 소스가 담긴 냄비에 마카로니를 넣고 섞어서 ❺의 위에 펴놓은 후 남은 ❸의 재료를 그 위에 펴놓고 치즈를 뿌려준다.

❼ 180℃로 예열된 오븐에 넣고 45분간 구워준다.

그들의 궁금한 Tip

1. 구운 마카로니 치즈 파이를 30분 정도 식혀뒀다가 적당한 크기로 잘라 그릇에 담아냅니다.

2. 파슬리를 잘게 썰어서 뿌려 먹으면 어울려요.

파티에서 인기 만점! 라틴 아메리카 핑거푸드
시금치 플랜테인 말이

중남미와 같은 열대지역에서 많이 먹는 식재료 중 플랜테인Plantain이라는 것이 있어요. 이것은 큰 바나나처럼 생겼는데 그 맛은 마치 고구마나 감자와 비슷합니다. 그냥 먹기보다는 굽거나, 튀겨서 먹는 경우가 많은데 건강 음식으로도 유명해요. 이 플랜테인을 납작하게 썰어서 시금치와 함께 만든 시금치 플랜테인 말이는 손에 들고 먹기에 편하고 고소하고 담백한 맛이 매력적인데다 모양도 귀엽답니다.

INGREDIENT 8~10개 기준

완숙된 플랜테인 큰 것 2개, 양파 다진 것 2큰술,
마늘 다진 것 2작은술, 시금치 1단 씻어서 다듬은 것,
계란 1개, 밀가루 1/4컵, 소금 1/4작은술, 후춧가루 약간,
식용유, 이쑤시개 8~10개

METHOD

1 길고 납작하게 썬 플랜테인을 프라이팬에 기름을 두르고 앞뒤로
지져준다. 그리고 키친페이퍼를 이용해 기름을 빼준다.

2 식용유를 약간 두른 프라이팬을 중불에 두고 마늘, 양파를 익히다
가 시금치를 넣고 함께 볶은 후 식혀서 물기를 꼭 짜놓는다.

3 구운 플랜테인을 동그랗게 말아서 이쑤시개로 고정시킨다.

4 플랜테인 속을 시금치로 채운 후 밀가루를 바르고 계란 푼 것을
묻혀서 식용유를 두른 프라이팬에 지져낸다.

그들의 궁금한 Tip

1. 플랜테인은 노란색 껍질에 사진과 같이 약간의 거뭇한 것이 생기면
딱 먹기 좋게 익은 거예요. 플랜테인은 생긴 것이 바나나와 비슷하
지만 껍질과 육질이 바나나보다 더 단단해요.

2. 껍질 벗긴 플랜테인을 사진에서처럼 잡고 잘 드는 칼로 길고 납작
하게 잘라준다.

3. 시금치 속을 만들 때 허브나 향신료를 첨가해도 색다른 맛이 나요.

출출할 때 간편하게, 쫀득하게, 기분 좋게!
타피오카 푸딩

 뿌리채소의 일종인 카사바(112페이지, 카사바 케이크에서도 소개되었던)의 전분을 이용해서 알갱이를 만든 타피오카 펄은 음료나 디저트를 만드는 데 많이 이용되죠. 이것은 익혀놓으면 쫄깃한 질감을 주기도 하고 먹었을 때 포만감을 줍니다. 이 타피오카 펄을 이용해서 만드는 타피오카 푸딩은 만들기는 무척 간단하고 맛도 좋고, 출출함을 달래줄 수 있어 중남미에서 매우 인기가 있어요. 그리고 다이어트식으로도 좋아요.

INGREDIENT 4인 기준

타피오카 펄 50g, 우유 400ml, 설탕 2큰술, 소금 1/8작은술,
캐슈넛 2큰술, 계피 가루 약간

METHOD

❶ 타피오카를 체에 담고 흐르는 찬물에 살짝 씻어준다.

❷ 냄비에 타피오카 펄을 담고 우유를 부어 약불에서 간간이 저으면서 30분간 끓여준다.

❸ ❷가 끓는 동안 캐슈넛을 팬에 넣고 중불에서 볶아준다.

❹ ❷에 설탕과 소금을 넣고 10분간 약불에서 더 끓여준다.

❺ 타피오카 푸딩을 그릇에 담고 계피 가루를 약간 뿌려주고 캐슈넛을 곁들여낸다.

그들의 궁금한 Tip

1. 우유 대신 코코넛 밀크를 사용하거나 혼합해서 사용해도 좋아요.

2. 캐슈넛 대신 땅콩이나 아몬드를 사용해도 괜찮아요.

europe Malta France MALTA the Le

the Middle East Afghanistan Italy Latin America G

Switzerland Nepal Cuba the Caribbean

Afghanistan Central and South America It

Arabia Vietnam the Middle East India the Cari

Italy Italy Italy Switzerland Braz

Germany Cuba the Philippines Malaysia Switzerland Chil

Singapore Thailand Turkey

Morocco the Philippines South Asia UK

and South America SPAIN Morocco

Switzerland India Europe Italy Europe Indie

Afghanistan North Africa Indonesia MALTA Singa

India the Middle East Afghanistan North A

Ecuador Afghanistan

France Lebanon the Mediterranean Thailand the Le

the Middle East Croatia Ecua

Singapore Argentina Latin America

Switzerland the Maya

entral and South America Argentina Mexico

MALTA Afghanistan Franc

Europe Nepal Morocco

reaming tea South Asia Vietnam the M

pain Italy Afghanistan Switze

Afghanistan the Middle East the

PART 05

그들의 궁금한 Tip!

조금 더 알고 싶었던 그것

홈메이드 리코타 치즈 만드는 법 • 크레페 만드는 법 • 레몬 or 오렌지 제스트 만드는 법 • 드라이 이스트 사용법 • 피타 만드는 법 • 필로 사용법 • 향 시럽 만드는 법 • 삼발 만드는 법 • 스위트 칠리 소스 만드는 법

MORE USEFUL TIPS

리코타 치즈는 냉장고에 보관하면
5~7일 동안은 충분히 신선하게
사용 가능해요.

홈메이드 리코타 치즈 만드는 법

우유나 생크림을 사놓고 보면 유통기한이 금세 다가오는 경우가 많은데요, 그럴 때는 리코타 치즈를 만들어서 요리에 사용해보세요. 리코타 치즈는 앞에 소개된 레시피들에서도 몇 번 등장하였지요. 이 치즈를 만들 때 생크림을 넣어서 더 크리미하게 만들 수 있는데, 그냥 우유만을 사용하거나 혹은 약간의 생크림을 넣은 후 응고시킨 후, 물기를 꼬옥 빼내어 단단하게 만들어 줍니다. 만드는 도중에 소금을 더 첨가 해서 좀더 간간하게 만들고 물기도 훨씬 더 빼내어서 단단하게 만들면 페타 치즈 대용으로 사용하기에도 좋습니다.

INGREDIENT

우유 1000ml, 생크림 200ml, 식초 또는 레몬주스 3큰술,
기호와 의도에 따라서 소금과 당을 첨가할 수 있다.

METHOD

❶ 우유를 냄비에 넣고 끓일 때 식초 혹은 레몬주스를 넣어주면 서서히 우유가 엉기는 것을 볼 수가 있다.

❷ 물과 우유가 분리되어서 우유 덩어리가 생성되면 불을 끈다.

❸ 체에 면보를 깔고 ❷를 담아 물기를 뺀다.

❹ 면보를 비틀어서 짜준다.

❺ 무거운 그릇 같은 것을 위에 올려서 몇 시간을 둔다.

❻ 단단해진 리코타 치즈를 원하는 용도와 형태로 자르거나 부수어 사용한다.

크레페 만드는 법

우리나라의 밀전병과도 같은 이 크레페는 만드는 사람에 따라서 재료의 섞는 양과 방법이 다른 경우가 많아요. 여기에서 소개하는 방법은 제가 크레페를 만드는 방법입니다. 체에 걸러주면 더 곱게 만들 수 있어요. 물론 이 과정 없이 만들어도 괜찮아요. 그리고 시간이 여유가 있다면 반죽한 것을 냉장고에 1시간 정도 뒀다가 구워주는데, 맛과 질감이 더 좋아집니다.

INGREDIENT 지름 15~18cm 10~12장 정도(군것질용이라서 좀 작게 만들어보았어요. 큰 사이즈도 물론 좋아요)

밀가루 125g 소금 1/8작은술, 설탕 1/8작은술, 우유 250ml, 계란 1개, 버터 녹인 것 또는 식용유 1큰술

METHOD

❶ 밀가루와 소금을 섞은 후 중간에 홈을 파주고, 계란을 깨서 넣는다.

❷ 우유를 ❶에 부어주면서 거품기로 저어서 잘 섞어준 후 설탕을 넣고 섞어준다.

❸ 체에 내려준다.

❹ 버터 녹인 것 혹은 식용유 1큰술 넣어주고 섞는다.

❺ 프라이팬이 중강불에 달궈지면 ❹를 한 국자를 떠놓고 프라이팬을 돌리면서 반죽이 골고루 펴지게 한 후 굽는다.

❻ 가장자리가 프라이팬과 분리되어지면 뒤집어도 된다는 신호이다 (한 면에 각각 1~2분이면 충분하다).

레몬 or 오렌지 제스트
만드는 법

 레몬이나 오렌지의 껍질 중 흰 속을 제외한 색깔 있는 겉껍질 부분을 사용하여 만드는 레몬이나 오렌지 제스트는 경우에 따라서 껍질을 크게 혹은 잘게 썰거나, 갈아서 사용합니다. 흰 속이 들어가면 쓴맛이 날 수 있으니까 겉껍질만 사용하세요.

METHOD

방법 1_ 칼로 껍질을 벗겨주는 방법

방법 2_ 야채 껍질 벗기는 도구를 이용해서 껍질을 얇게 깎는 방법

방법 3_ 벗긴 껍질을 채썰어주는 방법

방법 4_ 제스터나 치즈 가는 도구, 혹은 강판을 이용하는 방법

방법 1과 2의 경우 주로 소스나 육수를 내는 경우에 이용하고, 직접 먹지는 않을 때 이용된다. 방법 3과 4의 경우는 음식을 절일 때나 혹은 조리되어서 음식과 함께 먹을 때 이용된다. 특히 방법 4는 신선한 형태로 음식에 바로 뿌려지거나 다른 재료와 섞어서 먹을 때 이용된다.

드라이 이스트 사용법

빵을 만들 때 생 이스트보다는 드라이 이스트가 경제적이고 사용하기 편리
해서 일반 가정에서는 드라이 이스트가 사용되는 경우가 많은데요, 여기에
약간의 사용 팁을 알려드립니다.

METHOD

❶ 필요한 드라이 이스트와 물 그리고 설탕을 준비한다. 물은 손가락을 넣
었을 때 따끈하다고 느낄 정도의 온도로 데워준다(설탕은 이스트의 영양분
이 되고 따뜻한 온도는 적당한 활성을 돕는다. 너무 뜨겁거나 혹은 차갑다면 이
스트가 활성화되기 힘들다).

❷ 그 물에 먼저 설탕을 넣고 충분히 녹인 후 드라이 이스트를 넣고 녹여준다.

❸ 여름이라면 그냥 10분가량 둔다. 추운 겨울이라면 따뜻한 곳에 둔다.

❹ 사진에 보이는 것(사진 ❹)과 같이 작은 기포가 마치 고운 거품처럼 형성
된 것을 볼 수 있다. 그럼 원하는 곳에 넣고 사용하기에 충분할 정도로
활성화되었다는 의미이다.

피타
만드는 법

그리스 같은 지중해에 있는 나라들과 아랍권의 중동지역의 나라에서는 평평하고 빵의 앞뒤 면이 분리되는 브레드인 '피타'를 많이 먹어요. 이집트의 '에이쉬'나 레바논의 '레바논 브레드'처럼 이름과 크기, 질감 등에 차이가 있지만, 유사한 브레드입니다. 세계적으로 피타 혹은 피타 브레드라고 하면 이 평평한 브레드를 가르키는 것입니다. 음식을 먹을 때 우리의 밥처럼 함께 먹기도 하고, 딥이나 작은 간식거리들과도 잘 어울린답니다. 앞의 레시피들에서도 제법 등장하였지요. 잘라서 속에 음식을 채워서도 먹고 혹은 그냥 위에 음식을 올려서도 먹습니다. 또 조금씩 떼거나 잘라서 숟가락 대용으로 음식이나 소스를 찍어 먹기도 하죠. 이 피타는 가정에서 만들어 먹기도 하지만, 상품화되어서 마트에서 판매되고 있죠. 아직 우리나라에서는 일반 마트에서 시판되고 있지는 않아요. 하지만 만들기 쉬운 브레드이니 한 번에 여러 장 구워놓고 냉동실에 보관해두었다가 필요한 경우 사용하면 편리합니다. 특히 디핑 소스와 함께 곁들이면 이색적이고 담백한 맛을 즐길 수 있어요.

INGREDIENT 작은 것 8개 정도 분량

밀가루 3컵, 따뜻한 물 1컵, 소금 1작은술, 드라이 이스트 1작은술, 설탕 1큰술

METHOD

❶ 설탕 1큰술와 이스트를 준비된 따뜻한 물의 1/4컵에 녹여서 이스트를 활성화시킨다 *드라이 이스트 사용법 151페이지 참조*. 그리고 밀가루와 소금을 섞은 것에 넣은 후 남은 물을 조금씩 넣으면서 반죽을 해준다.

❷ 젖은 면보나 키친페이퍼를 덮어서 1시간 정도 둔다.

❸ 반죽을 치대서 8등분을 나눠서 젖은 면보나 키친페이퍼를 덮어서 20분 정도 둔다.

❹ 반죽을 밀대로 밀어서 평평하게 만들어준다(5mm 정도 두께, 18cm 지름 크기 정도).

❺ 손가락으로 평평하게 민 반죽을 두들겨서 마시지하듯 눌러준다.

❻ 반죽의 가장자리를 꼭꼭 눌러 잡아준다.

❼ 반죽 몇 군데를 포크로 찔러준다.

❽ 190℃로 예열한 오븐에 10~12분간 구워낸다.

필로 사용법

필로는 밀가루 반죽을 종이처럼 얇게 만든 것인데요, 바삭바삭한 페스트리 만드는 데 많이 사용됩니다. 특히 중동이나 그리스 등지에서 많이 사용되죠. 전통적으로는 이 얇은 필로를 직접 만들어내지만, 요즘은 상품화된 제품으로 만들어져 시중에서도 쉽게 구입이 가능합니다. 우리나라에서도 베이킹 재료 파는 곳에서 쉽게 구할 수 있습니다. 얇아서 쉽게 건조되기 때문에 구매 후 냉장실에 뒀다가 신속히 사용하는 것이 좋아요. 냉동고에 보관하면 좀 더 오랫동안 두고 사용할 수 있어요.

일반적인 필로 사용법을 앞쪽 레시피에 자세히 설명하지 못해서 여기에 좀 더 자세히 실었습니다. 필요한 만큼의 필로와 버터 녹인 것 그리고 베이킹 틀과 브러시를 준비(만약 베이킹 틀이 필로보다 작은 크기라면 필로를 틀 크기에 맞춰서 가위로 잘라놓는다)합니다.

METHOD

❶ 베이킹 틀에 녹인 버터를 발라준다.

❷ 버터 녹인 것을 필로 한 장의 윗면에 발라준다.

❸ ❷를 버터 바른 베이킹 틀 속에 넣고 붙여준다.

❹ 준비된 필로의 반에 버터를 발라서 한 장씩 베이킹 틀 안에 겹쳐서 붙여준다.

파이의 경우 그대로 속 재료를 겹쳐놓은 필로에 올려 담아도 됩니다. 그러나 얇은 페스트리 종류의 경우 잘 드는 칼을 이용해서 매끈하게 잘라서 정리한 후 속 재료를 담아줍니다.

향 시럽 만드는 법

시럽을 만들 때는 설탕과 물을 1:1 비율로 넣는 것이 일반적이지만,
앞쪽 레시피에서 2:1 혹은 1.5:1의 비율이 사용되었습니다. 레몬주스
나 로즈 워터 등을 추가하여 시럽에 향을 더하였습니다.

METHOD

❶ 설탕과 물을 냄비에 담고 중약불에서 가열하여 설탕이 다 녹고
끓으면 5분 정도 더 끓여준다(주의 : 이때 젓지 않고 그대로 끓여준
다. 두꺼운 냄비나 팬을 이용해서 시럽을 만드는 것이 편리하다).

❷ 5분 정도 더 끓여서 끈기가 생기면 레몬주스를 넣고 섞은 후(이
때 로즈 워터나 오렌지 플라워 워터를 넣어서 향을 더해줘도 좋다) 불
을 끄면 향 시럽 완성!

삼발 만드는 법

인도네시아에서는 주로 칠리를 주 재료로 만드는 '삼발'이 있어요. 이것을 거의 음식을 먹을 때마다 곁들이는데요, 우리의 다대기를 소스처럼 만든 것이라고 할 수 있어요. 그래서 앞에 등장했던 '옥수수 부침'이나 '가도가도' 등의 간식을 먹을 때에도 인도네시아인들은 삼발을 함께 먹습니다. "삼발이 없으면 인도네시아 음식이 아니다"라고 말할 정도예요. 만드는 사람과 지역에 따라서 그 방법이 다르고 다양한데요, 여기 소개된 삼발은 우리 식으로 홍고추와 액젓을 넣어서 칼칼하고 개운하면서도 감칠맛 나게 만들어보았어요. 인도네시아 친구도, 말레이시아 친구도 좋아하네요. 조금 더 넉넉하게 만들어서 밀폐 용기에 담아 냉장고에 넣어두었다가 밑반찬 먹듯이 꺼내 먹을 수도 있어요.

INGREDIENT

홍고추 2개, 다진 양파 3큰술, 다진 마늘 2큰술, 물 3큰술, 황설탕 2작은술, 고춧가루 2작은술, 액젓 2작은술, 라임주스 2작은술

METHOD

❶ 씨와 꼭지를 제거한 홍고추를 양파와 마늘과 함께 분쇄기에 갈아준다.

❷ 냄비나 프라이팬에 갈아진 ❶과 물 3큰술, 황설탕, 액젓, 고춧가루를 넣고 걸쭉하게 볶아주고 마지막에 라임주스를 넣고 섞어준다.

스위트 칠리 소스 만드는 법

태국의 스프링롤이나 싱가포르·말레이시아의 새우튀김 등을 찍어먹을 때 등장하는 걸쭉하면서 달콤한 칠리 소스는 시제품으로도 많이 나와 있어서 마트에서 쉽게 구할 수 있어요. 시제품으로 나온 것을 사면 편하기는 하지만, 칠리가 떠 있는 모습이 깔끔하지 않아요. 직접 집에서 만들면 맛도 재료도 믿을 수 있잖아요. 게다가 만들기도 무척 쉬워서 필요할 때 즉석에서 만들 수도 있고, 미리 만들어서 냉장고에 보관해놓고 사용할 수도 있어요.

INGREDIENT

홍고추 3개, 다진 마늘 2작은술, 물 3큰술, 설탕 3큰술, 식초 3큰술

전분 푼 물_ 옥수수 전분 1큰술, 물 3큰술

METHOD

❶ 홍고추를 씨와 꼭지를 제거하고 잘게 썰어서 다진 마늘, 물, 설탕, 식초와 함께 냄비나 프라이팬에 담고 1분 정도 끓여준다.

❷ ❶에 전분 푼 물을 넣고 섞어서 투명하고 걸쭉해지면 바로 불을 끄고 식히면 완성!

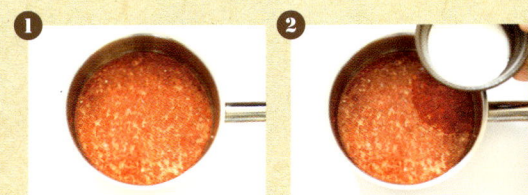

EPILOGUE

"언제 너는 행복하니?"

평소 즐겨 앉는 소파의 두툼한 팔걸이에 머리를 기대고 오른쪽으로 비스듬히 거의 눕듯이 앉아 그녀는 나에게 그렇게 물었다.

오전 열 시쯤부터 시작되었던 그녀의 생일파티 준비 그리고 친구들과 가족들이 찾아와 우리의 공간에서 음식과 음악, 대화를 나누었다는 것 그리고 미지의 것이었을 한국 음식마저도 즐겁게 맛보는 Papou가 보여준 기분 좋은 미소가 떠올랐다. 모두들 떠난 집에서 그녀와 나는 설거지와 정리를 마친 후 그렇게 거실 소파에 기대어 있었다. 그녀가 앉은 소파와는 약간 떨어져 90도의 위치에 놓인 긴 소파에 누워 있던 나의 다리는 긴 소파 끝 팔걸이에 걸쳐져 있었다. 그 순간 발끝에서 실내화 한 짝이 '툭' 하고 바닥으로 떨어졌다.

"응… 지금…" 늘어진 몸처럼 내 목소리도 축 처진 듯 가라앉아 있다. 그리고 천천히 말을 이어간다. "우리의 공간에서 우리가 준비한 음식을 사람들이 즐기고 떠난 후 그 모두의 잔향과 기억이 평온하게 감도는 지금. 그리고… 너… 네가 좋아하는 내 소박한 음식을 먹는 모습을 볼 때이지…."

"그러니?" 음악도 티브이도 꺼져 있는 이 공간에는 단지 작은 등 세 개만이 우리 쪽을 등지고 조용히 켜져 있다. 그녀의 목소리가 그 공기를

궁·금·한·세·계·의·군·것·질

EPILOGUE

가로질러 내게로 건너왔으나 뭔가 주저함으로 인해 그 말은 고개를 들어서 내 눈을 보지 못한다.

그런 후 조금 지나 "나는 오히려 지금이 쓸쓸하고 뭔가 슬픈데…?" 라고 울려온다.

누워 있던 소파의 한가운데에 나는 곧바로 몸을 세워서 앉는다. 내 실내화 한 짝은 여전히 소파의 끝쪽 아래 바닥에 놓여 있다.

"Let's see…" 나는 우리의 오픈 키친으로 나아간다. "지금 너에게 어울릴 것이 떠올랐어."

여기 부엌 쪽에 켜져 있는 세 개의 작은 등들은 내가 그녀를 위해 무언가를 만들기에 충분히 밝다.

이 책을 위해 앞에서 뒤에서 함께 애써주신 모든 분들께 감사드립니다.

foodcommunicator 김호정 드림

궁금한 세계의 군것질